CATALOGUE

DES PLANTES

DU JARDIN

DE Mʳˢ LES APOTICAIRES

DE PARIS,

Suivant leurs genres & les caracteres des Fleurs, conformément à la Méthode de Monsieur TOURNEFORT dans son Edition Françoise de 1694.

M. DCC. XLI.

CATALOGUE
DES PLANTES

Du Jardin de Meſſieurs les Apoticaires de Paris, ſuivant leurs genres & les caraċteres des Fleurs, conformément à la Méthode de Monſieur TOURNEFORT dans ſon Edition Françoiſe de 1694.

****

CLASSE XVI.

Des Herbes qui ne fleuriſſent point, & qui ne portent que des Semences.

SECTION PREMIERE.

Des Herbes qui ne fleuriſſent pas, & qui portent les fruits ſur le dos des Feuilles.

FILIX ramoſa major, pinnulis obtuſis non dentatis, *C. B. P.* 357.
Filix fœmina, *Dod. Pempt.* 462.
La Fougere femelle.

Filix non ramoſa dentata, *C. P. B.* 358.

On a mis ces deux Claſſes 16. & 17. au commencement, à cauſe de la ſituation du terrain pour leur donner l'ombre. Elles doivent être à la fin des Plantes aux Elemens de Botanique.

Hepatique.

idem.

Hepatique.	Filix mas, *Dot. Pempt.* 462. La Fougere mâle.
Idem.	Lonchitis aculeata major, *El. Bot.* 430. Filix aculeata major, *C. B. P.* 358. La Lonkite.
Bechique.	Trichomanes, seu Polytricum officinarum, *C. B. P.* 356. Le Politric.
Hepatique.	Polypodium vulgare, *C. B. P.* 359. Le Polipode.
Bechique.	Filicula fontana major, sive Adiantum album. Filicis folio, *C. B. P.* 358. Adiante blanc.
Idem.	Filicula quæ Adiantum nigrum officinarum, pinnulis obtusioribus, *I. R. H.* 542. Adiante noir.
Idem.	Ruta muraria, *C. B. P.* 356. La Sauve-vie.
Idem.	Adiantum foliis Coriandri, *C. B. P.* 355. Le Capillaire de Montpellier.
Idem.	Adiantum Americanum, *Corn.* 7. Le Capillaire de Canada.
Idem.	Asplenium sive Ceterac, *J. B.* 3. 749. Le Ceterac.
Hepatique.	Lingua Cervina officinarum, *C. B. P.* 353. La Scolopendre ou Langue de Cerf.

SECTION II.

Des Herbes qui n'ont point de fleurs, & qui portent leurs semences en grape, en épi ou dans des boëtes.

Osmunda regalis, sive Filix florida, *Park.* 1038.   Hepatique.
Filix floribus insignis, *J. B.* 3. 736.
    L'Osmonde ou Fougere fleurissante.
Ophioglossum Vulgatum, *C. B. P.* 354.   Vulneraire
    La Langue de Serpent.   Deterfive.
Lichen petræus latifolius, sive Hepatica fonta-   Hepatique.
    na, *C. B. P.* 362.
    L'Hepatique de fontaine.

CLASSE XVII.

Des Herbes dont on ne connoît ordinairement ni les fleurs ni les graines.

SECTION PREMIERE.

Des Herbes dont on ne connoît ordinairement ni les fleurs, ni les graines, & qui se trouvent sur la terre.

Muscus Saxatilis aut Sylvestris, *Trag.* 946.   Diaphoreti-
Politricum Aureum majus, *C. B. Pin.*   que & Su-
    356.   dorifique.
    Perce mousse.

CLASSE PREMIERE.

Des Herbes à fleur d'une seule feuille régu-
liere semblable en quelque maniere à une
cloche, à un bassin ou à un godet.

SECTION PREMIERE.

Des Herbes à fleur en cloche, dont le pistile
devient un fruit mou & assez gros.

Assoupissante. Mandragora fructu rotundo, *C. B. P.* 169.
Mandragora mas, *J. B.* 3. 617.
La Mandragore mâle.

idem. Mandragora flore subcæruleo purpurascente,
C. B. P. 169.
Mandragora fœmina, *J. B.* 3. 618.
La Mandragore femelle.

idem. Belladona majoribus foliis & floribus, *I. R. H.*
77.

SECTION II.

Des Herbes à fleur en cloche ou en grelot,
dont le pistile devient un fruit mou &
assez petit.

Cephalique. Lilium Convallium album, *C. B. P.* 304.
Le Muguet ou Lis des vallées.

Vulneraire astringente. Poligonatum latifolium vulgare, *C. B. P.* 303.
Le Seau de Salomon.

Aperitive. Ruscus myrtifolius aculeatus. *I. R. H.* 79. Ruscus *Math.* 1214.
Le petit Houx, le Houx frilon.

Ruſcus latifolius fructu folio innaſcente, *I.R.H.* Aperitive.
79.
   Le Laurier Alexandrin.

SECTION III.

Des Herbes à fleur en cloche, dont le piſtile devient un fruit ſec, qui n'a qu'une ſeule cavité dans quelques genres, & qui eſt partagé en cellules dans quelques autres.

Menyanthes paluſtre, *E. B.* 71. Trifolium pa-   Antiſcor-
   luſtre, *C. B. P.* 327.   butique.
   Le Méniante ou Tréfle d'eau.

Convolvulus maritimus noſtràs, *Mor. Hiſt.* 11. Purgative.
   Soldanella maritima minor, *C. B. P.* 205.
   La Soldanele, Chou marin.

Convolvulus major albus, *C. B. P.* 294.   idem.
   Le grand Lizeron.

Convolvulus Syriacus, & Scammonia Syriaca, idem.
   Mor. Hiſt. Oxon. part. 2. p. 12.
   La Scamonée de Syrie.

Convolvulus minor arvenſis, *C. B. P.* 294.   idem.
   Le petit Lizeron.

Tithymalus latifolius Cataputia dictus, *H.L.B.* idem.
Lathyris major, *C. B. P.* 293.
   L'Eſpurge.

Tithymalus Paluſtris, fruticoſus, *C. B. P.* 292. idem.
   Titimale, grande Eſule.

Tithymalus Cypariſſias, *C. B. P.* 291. Eſula idem.
   officinarum, *Caſalp.* 374.
   La petite Eſule.

Rhabarbarum fortè Dioſcoridis & antiquorum, Purgative.
   I. R. H. 89.
   Le Rapontic.

Alexitere & Cordiale. Oxis flore albo, *C. B.* 76. Oxis five trifolium acidum, *J. B.* 2. 387.
L'Alleluia, Pain à Coucou.

idem. Oxis lutea, *J. B.* 2. 388.
L'Alleluia à fleur jaune.

SECTION IV.

Des Herbes à fleur en cloche ou en baffin,
dont le piftile devient un fruit à gaînes.

Rafraichif-fante & é-paifliffante. Cotyledon major, *C. B. P.* 285.
Le Nombril de Venus.

idem. Cotyledon radice tuberosâ longâ repente, *Mor. H. R. B.*
Le Nombril de Venus à fleurs jaunes.

Apocinum majus Syriacum rectum, *Corn.* 90.
L'Apocin qui porte la Houette.

Purgative. Periploca Monfpeliaca foliis rotundioribus, *I. R. H.* 93.
La Scamonée de Montpellier.

Alexitere & Cordiale. Afclepias albo flore, *C. B. P.* 303.
Le Dompte venin.

SECTION V.

Des Herbes à fleur en cloche, du fond def-
quelles s'éleve un tuyau, & dont le pifti-
le devient un fruit compofé de plufieurs
Capfules, ou divifé en plufieurs Loges.

Emolliente. Malva vulgaris flore majore folio finuato, *J. B.* 2. 949.
La Grande Mauve.

Malva

Malva vulgaris flore minore folio rotundo , Emolliente,
    J. B. 2. 949.
    La petite Mauve.

Malva Rosea folio subrotundo , *C. B. P.* 3 1 5.   idem.
    La Mauve Rose, Doutremer ou Tremiere.

Malva foliis crispis , *C. B. P.* 3 1 5.   idem.
    La Mauve frisée.

Althæa maritima arborea Veneta , *I. R. H.* 97. idem.
Malva arborea , *J. B.* 2. 9 5 2,
    La Mauve en arbre.

Althæa Dioscoridis & Plinii , *C. B. P.* 3 1 5.   idem.
    La Guimauve.

Alcea vulgaris major , *C. B. P.* 3 1 6.   idem.
    L'Alcée.

Abutilon , *Dod. Pempt.* 6 5 6. Althæa Theo- idem,
    phrasti flore luteo , *C. B. P.* 3 1 6.
    La Mauve des Indes , fausse Guimauve, ou
    l'Abutilon.

Ketmia vesicaria vulgaris , *I. R. H.* 1 0 1.   idem
    La Ketmie.

Xilon, sive Gossypium herbaceum , *J. B.* 1. 343.
    Le Coton.

SECTION VI.

*Des Herbes à fleur en cloche ou en bassin ,
dont le calice devient un fruit charnu
dans presque tous les genres.*

Bryonia aspera sive alba baccis rubris , *C. B. P.* Purgative,
    397.
    La Couleuvrée, Brione ou Vigne blanche.

Tamnus racemosa flore minore, luteo palles- Resolutive,
    cente , *I. R. H.* 103.

Vitis nigra quibuſdam, ſive Tamnus Plinii folio
Cyclaminis, *J. B.* 2. 147.
La Racine Vierge ou Seau de Nôtre-Dame.

Sicyoides Canadenſe fructu Echinato, *El. Bot.* 86.

Vulneraire Deterſive.	Momordica vulgaris, *I. R. H.* 103. Balſamina rotundifolia repens, ſive mas, *C. B. P.* 306. La Pomme de Merveille.
Purgative.	Cucumis ſylveſtris aſininus dictus, *C. B. P.* 314. Le Concombre ſauvage.
Rafraichiſſante.	Cucumis ſativus vulgaris, maturo fructu ſubluteo, *C. B. P.* 310. Le Concombre ordinaire.
Purgative.	Colocynthis fructu rotundo minor, *C. B. P.* 313. La Coloquinte.
Rafraichiſſante & épaiſſiſſante.	Melo vulgaris, *C. B. P.* 310. Le Melon.
idem.	Pepo oblongus, *C. B. P.* 311. La Citrouille.
idem.	Melopepo Compreſſus, *C. B. P.* 312. Le Potiron.
idem.	Anguria Citrullus dicta, *C. B. P.* 312. Le Melon d'eau, ou Angurie.
idem.	Cucurbita longa folio molli, flore albo, *J. B.* 2. 214. La Courge, ou la Calebaſſe.

SECTION VII.

Des Herbes à fleur en cloche, dont le calice
devient un fruit ſec.

Rafraichiſſante.	Campanula radice Eſculentâ flore cæruleo, *H. L. B.* Rapunculus Eſculentus, *C. B. P.* 92. La Réponce.

Campanula Vulgatior foliis urticæ, five major &   Vulneraire
    afperior, *C. B. P.* 94.   Deterfive.
  La Campanule gantelée, ou Gand Nôtre-
    Dame.

Rapunculus Spicatus, *C. B. P.* 92.   idem.
  La Réponce Sauvage.

SECTION VIII.

Des Herbes à fleur en godet, dont le calice
devient un fruit à deux pieces attachées
au même endroit.

Rubia tinctorum fativa, *C. B. P.* 333.   Aperitive.
  La Garance.

Rubia Sylveftris, Monfpeffulana, major, *J. B.* 3.   idem.
    715.
  La Garence Sauvage.

Aparine vulgaris, *C. B. P.* 334.   idem.
  La Rieble, ou le Pateron.

Aparine latifolia humilior montana, *I. R. H.*   Hepatique.
    114.

Afperula, five Rubeola montana Odora, *C.B.P.*
    334.
  L'Hepatique des Bois.

Gallium luteum, *C. B. P.* 335.   Cephalique.
  Le Caillelaict jaune.

Gallium album vulgare, *El. Bot.* 94. Mollugo   idem.
    montana anguftifolia, vel Gallium album
    latifolium, *C. B. P.* 335.
  Le Caillelaict blanc.

Cruciata hirfuta, *C. P. B.* 334.   Vulneraire
  La Croifette velue.   aftringente.

Cruciata alpina latifolia lævis, *El. Bot.* 94.   idem.
  Grande Croifette.

SECONDE CLASSE.

Des Herbes à fleur d'une feuille réguliere semblable en quelque maniere à un entonnoir, à une foucoupe, ou à une rofette.

SECTION PREMIERE.

Des Herbes à fleur en entonnoir, & dont le piftile devient le fruit.

Febrifuge. **G**Entiana major lutea, *C. B. P.* 187.
La Gentiane.

idem. Gentiana Cruciata, *C. B. P.* 188.
La Gentiane Croifette.

Errhine ou Sternuta-toire. Nicotiana major latifolia, *C. B. P.* 169.
Le Tabac mafle.

idem. Nicotiana minor, *C. B. P.* 170. &c.
L'Herbe à la Reine.

Affoupif-fante. Hyofcyamus vulgaris vel niger, *C. B. P.* 169.
La Jufquiame, Hannebane ou Pottelée.

idem. Hyofcyamus albus major, vel tertius Diofcori-dis, & quartus Plinii, *C. B. P.* 169.
La Jufquiame blanche.

idem. Stramonium fructu fpinofo oblongo femine ni-gricante, *El. Bot.* 98. Solanum pomo fpi-nofo rotundo, longo flore, *C. B. P.* 168.
La Pomme Efpineufe.

Vulneraire aftringente. Pervinca vulgaris latifolia, *El. Bot.* 99. Clema-titis Daphnoides major, *C. B. P.* 302.
La Grande Pervanche.

idem. Pervinca vulgaris anguftifolia, *El. Bot.* 99. Cle-

matitis Daphnoides minor, *C. B. P.* 301.
   La Petite Pervanche.

Auricula Urſi flore luteo, *J. B.* 3. 499.   Vulneraire
   L'Oreille d'Ours.   aſtringente.

SECTION II.

Des Herbes à fleur en ſoucoupe ou en roſette,
*   dont le piſtile devient le fruit.*

Androſace vulgaris latifolia annua, *El. Bot.* 101. Aperitive.
   L'Androſace.

Primula veris odorata flore luteo ſimplici, *J. B.* Cephalique.
   3. 495.
   La Primevere, Primeroſe, fleurs de coucou.

Centaurium minus, *C. B. P.* 278.   Febrifuge.
   La petite Centaurée.

Plantago latifolia ſinuata, *C. B. P.* 189. Vulneraire
   Le grand Plantin.   aſtringent.

Plantago latifolia incana, *C. B. P.* 189. idem.
   Le Plantin moyen.

Plantago anguſtifolia major, *C. P. B.* 189. idem.
   Le Plantin à cinq nerfs.

Coronopus hortenſis, *C. B. P.* 190. idem.
   La Corne de Cerf.

Pſillium majus ſupinum, *C. B. P.* 191. Rafraichiſ-
   L'Herbe aux Puces.   ſante & é-
                                    paiſſiſſante.

Pſillium majus erectum, *C. B. P.* 191. idem.
   L'Herbe aux Puces annuel.

S E C T I O N III.

Des Herbes à fleur en entonnoir, dont le calice devient le fruit, ou dont le calice enveloppe le fruit.

Purgative. Jalap officinarum fructu rugoso, *El. Bot.* 105.
La Belle de nuit.

Résolutive. Rubeola vulgaris quadrifolia lævis, floribus purpuraſcentibus, *El. Bot.* 106. Rubia Cynanchica, *C. B. P.* 333.
La Petite Garence, ou Herbe à la ſquinancie.

Hiſterique. Valeriana hortenſis Phu, folio oluſatri, *C. B. P.* 164.
La Grande Valeriane.

idem. Valeriana ſylveſtris major, *C. B. P.* 164.
Petite Valeriane ſauvage.

idem. Valeriana paluſtris minor, *C. B. P.* 164.
La Valeriane des Marais.

Rafraichiſſante & épaiſſiſſante. Valerianella Arvenſis præcox, humilis ſemine compreſſo, *Mor. Umb.*
La Maſche, Blanchette, Poulule graſſe, Salade de Chanoine.

S E C T I O N IV.

Des Herbes à fleur en entonnoir, en baſſin, ou en molette, & dont le piſtile eſt compoſé de quatre embrions, qui deviennent autant de ſemences renfermées dans le calice de la fleur.

Bechique. Borrago floribus cæruleis, *J. B.* 3. 574.
La Bourache.

Bugloffum anguftifolium majus flore cæruleo, Bechique.
  C. B. P. 216.
  La Buglofe.
Bugloffum fylveftre minus, C. B. P. 256.   idem.
  La Buglofe fauvage.
Bugloffum latifolium femper virens, C. B. P. 256. idem.
  La Buglofe vivace.
Bugloffum radice rubrâ, five Anchufa vulgatior, idem.
  El. Bot. 110.
Anchufa puniceis floribus, C. B. P. 256.
  L'Orcanette.
Echium Vulgare, C. B. P. 254.   idem.
  La Viperine ou Herbe aux Viperes.
Pulmonaria Italorum ad Bugloffum accedens, idem.
  J. B. 3. 595.
  La Pulmonaire d'Italie.
Pulmonaria rubro flore foliis Echii, J. B. 3. 596. idem.
  La Pulmonaire.
Pulmonaria anguftifolia cæruleo flore, J. B. 3. idem.
  596.
  La Pulmonaire à feuilles étroites.
Lithofpermum majus erectum, C. B. P. 258.   Aperitive.
  Gremille ou Herbe aux perles.
Lithofpermum minus rectum latifolium, C. B. P. idem.
  258.
  La Gremille rempante.
Symphytum, Confolida major, C. B. P. 259.   Vulneraire
  La Grande Confoude, Oreille d'Afne.   aftringente.
Cerinthe quorumdam major verficolor flore, Opthalmi-
  J. B. 3. 602.   que.
  Le Melinet.
Heliotropium majus Diofcoridis, C. B. P. 253. Vulneraire
  L'Herbe aux verues.   deterfive.

Rafraichif- Cynoglossum majus vulgare, *C. B. P.* 257.
fanté.   La Langue de Chien.

Vulneraire   Omphalodes pumilla verna symphyti folio,
aftringente.   *El. Bot.* 117.
             Symphytum minus Borraginis facie, *C. B. P.*
                 259.
             La Petite Bourache, herbe au nombril.

Errhine ou   Plumbago quorumdam. *Clufii Hift.* 123.
Sternuta-   Lepidium Dentellaria dictum, *C. B. P.* 97.
toire.   La Dentelaire.

SECTION V.

Des Herbes à fleur en rosette, dont le piftile
devient un fruit dur & fec.

Vulneraire   Lyfimachia lutea major, quæ Diofcoridis,
aftringente.   *C. B. P.* 245.
             La Corneil.

Antifcor-   Lyfimachia humi fufa folio rotundiore, *El. Bot.*
butique.   118.
             Nummularia major lutea, *C. B. P.* 309.
             L'Herbe aux Ecus.

Cephalique. Anagallis phœniceo flore, *C. B. P.* 252.
             Le Mouron mâle.

idem.   Anagallis cœruleo flore, *C. B. P.* 252.
             Le Mouron femelle.

Antifcor-   Samolus Valerandi, *J. B.* 3. 792. Anagallis
butique.   aquatica, folio non crenato, *C. B. P.*
                 252.
             Le Mouron d'eau.

             Glaux maritima, *C. B. P.* 215.
             Le Glaux,

Veronica

Veronica mas, supina, & vulgatissima, *C. B. P.* Vulneraire
    246.   aperitive.

  La Veronique mâle, ou Thée de l'Europe.

Veronica supina facie teucrii pratensis, *Lob.* idem.
    Icon. 473.

  La Veronique des Prez.

Veronica spicata minor, *C. B. P.* 247.   idem.

  La Veronique à Epi.

Veronica minor, foliis imis rotundioribus, *Mor.* idem.
    Hist. Part. 2. 220.

  La Veronique des Bois.

Veronica aquatica major, folio subrotundo, idem.
    Mor. Hist. 323.

  Le Becabunga à feuilles rondes.

Veronica aquatica major, folio oblongo, *Mor.* Antiscor-
    Hist. Oxon. Part. 2. 323.   butique.

  Le Becabunga à feuilles longues.

Crysosplenium foliis amplioribus auriculatis, Hepatique.
    El. Bot. 122. Saxifraga rotundi folia au-
    rea, *C. B. P.* 309.

  L'Hepatique dorée.

Verbascum mas, latifolium luteum, *C. B. P.* Emollien-
    239.   te.

  Le Bouillon blanc.

Verbascum fœmina flore luteo magno, *C. B. P.* idem.
    239.

  Le Bouillon blanc femelle.

Blattaria lutea folio longo laciniato, *C. B. P.* Vulneraire
    240.   Deterfive.

  L'Herbe aux mittes.

SECTION VI.

Des Herbes à fleur, en rosette, ou en godet, dont le pistile devient un fruit mol ou charnu.

Assoupissante. Solanum officinarum acinis nigricantibus, & fuscis, *C. B. P.* 160. Solanum nigrum vulgare, *Cord. Hist.* 158.
La Morelle.

idem. Solanum scandens, seu Dulcamara, *C. B. P.* 167.
La Morelle, Vigne de Judée, ou douce-amere.

idem. Solanum Tuberosum Esculentum, *C. B. P.* 167.
La Pomme de Terre.

idem. Lycopersicon Galeni Anguillare, 217. Solanum pomiferum fructu rotundo striato molli, *C. B. P.* 167.
La Pomme d'amour.

Aperitive. Alkekengi officinarum, *I. R. H.* Solanum Veficarium, *C. B. P.* 166.
La Coquerele.

Assoupissante. Melongena fructu oblongo, *El. Bot.* 126. Solanum pomiferum fructu oblongo, *C. B. P.* 167.
La Mayene, ou Aubergine.

Errhine, ou Sternutatoire. Capsicum vulgare, *El. Bot.* 127. Piper Indicum vulgatissimum, *C. B. P.* 102.
Le Piment, ou Poivre de Guinée.

Purgative. Cyclamen Orbiculato folio infernè purpurascente, *C. B. P.*
Le Pain de Pourceau.

Moschatellina foliis fumariæ bulbofæ , *I. B.* 3.   Vulneraire
206. Ranunculus Nemorofus Mufcatelli-   deterfive.
na dictus , *C. B. P.* 178.
L'Herbe mufquée.

SECTION VII.

*Des Herbes à fleur en rofettes , dont le ca-
lice devient le fruit.*

Pinpinella Sanguiforba minor hirfuta , *C. B. P.*   Vulneraire
160.   aperitive.
La Pinpernelle.

CLASSE III.

*Des Herbes à fleur d'une feule feuille
irréguliere.*

SECTION PREMIERE.

*Des Herbes à fleur d'une feulle feuille ir-
réguliere , coupée en cornet , ou en capu-
chon , & dont les jeunes fruits font atta-
chés au bas du piftile.*

ARum vulgare non maculatum , *C. B. P.*   Hepatique
195.
Le Pied de Veau.
Arum venis albis , *C. B. P.* 195.   idem.
Le Pied de Veau véné en blanc.
Dracunculus Polyphyllus , *C. B. P.*   idem.
La Serpentaire.

SECTION II.

Des Herbes à fleur en tuyau irréguliè́ coupé en languette, & dont le calice devient le fruit.

Hiſterique.	Ariſtolochia rotunda flore ex purpureo-nigro, *C. B. P.* 307. L'Ariſtoloche ronde.
idem.	Ariſtolochia longa vera, *C. B. P.* 307. L'Ariſtoloche longue.
idem.	Ariſtolochia Clematitis recta, *C. B. P.* 307. Ariſtoloche Clematite.
idem.	Ariſtolochia Clematitis ſerpens, *C. B. P.* 307. L'Ariſtoloche petite.

SECTION III.

Des Herbes à fleur en tuyau irrégulier, ouvert par les deux bouts, & dont le piſtile devient le fruit.

Cephalique.	Digitalis purpurea, *J. B.* 2. 812. La Digitale.
Purgative.	Digitalis minima, Gratiola dicta, *Mor. Hiſt. Oxon. Part.* 2. 479. La Gratiolle, ou Herbe à pauvre homme.
Reſolutive.	Scrophularia nodoſa fœtida, *C. B. P.* 235. La Scrophulaire des Bois.
idem.	Scrophularia aquatica major, *C. B. P.* 235. L'Herbe du Siége, ou Betoine d'eau.
	Pinguicula Geſneri, *J. B.* 546. Sanicula montana flore calcari donato, *C. B. P.* 243. La Graſſette.

SECTION IV.

Des Herbes à fleur en tuyau irrégulier,
ouvert dans le fond, terminé, & comme
formé en devant par un mufle à deux
machoires.

Antirrhinum vulgare, *J. B.* 3. 462.
    Le Mufle de Veau.

Linaria vulgaris lutea flore majore, *C. B. P.*   Emolliente.
    212.
      La grande Linaire.

Linaria cærulea repens, *C. B. P.* 213.   idem.
    La petite Linaire.

Linaria fegetum Nummulariæ folio villofo,   Vulneraire
    I. R. H. 252.   aperitive.
      La Velvotte, Veronique femelle.

Linaria hederaceo folio glabro, feu Cymbalaria,   Emolliente.
    I. R. H. 169.
      La Cimbalaire.

Euphrafia Officinarum, *C. B. P.* 233.   Opthalmi-
    L'Euphraife.   que.

Poligala vulgaris, *C. B. P.* 215.
    Le Poligala.

SECTION V.

Des Herbes à fleur irréguliere, terminée
en bas par un anneau.

Achantus Sativus, vel Mollis Vergilii, *C.B.P.* 383. Emolliente.
    L'Acante, ou Branche-urfine.

Acanthus rarioribus & brevioribus aculeis mu- idem.
    nitus, *I. R. H.* 176.
    L'Acante fauvage.

CLASSE IV.

Suite des Herbes à fleur d'une seule feuille irréguliere, que l'on appelle proprement des fleurs en gueule.

SECTION PREMIERE.

Des Herbes à fleur en gueule, dont la lévre supérieure est en casque, ou en faucille.

Vulneraire deterfive.
PHlomis fruticofa Salviæ folio, flore luteo, *El. Bot.* 147. Verbafcum latis Salviæ foliis, *C. B. P.* 240.
L'Ephlomis, Sauge fauvage.

Stomachique.
Horminum comâ purpuro-violaceâ, *J.B.* 3. 309. Horminum fativum, *C. B. P.* 238.
L'Ormin.

Ophtalmique.
Sclarea Tab. Ic. 373. Horminum fclarea dictum, *C. B. P.* 238.
La Toute-Bonne, orvale.

idem.
Sclarea pratenfis, foliis ferratis flore cæruleo, *I. R. H.* 179.
La Toute-Bonne des prez.

Cephalique.
Salvia major an Sphacelus Theophrafti, *C. B. P.* 237.
La grande Sauge.

idem.
Salvia minor aurita & non aurita, *C. B. P.* 237.
La petite Sauge.

idem.
Salvia folio tenuiore, *C. B. P.* 237.
La Sauge de Catalogne.

Caſſida paluſtris vulgatior flore cæruleo ,   Febrifuge.
     I. H. R. 182.

     Tertianaria ou Centaurée bleue, ou la toque.   Vulneraire
Brunella major folio non diſſecto, *C. B. P.* 260.   aſtringente.
     La Brunelle ou Brunette.

S E C T I O N   I I.

*Des Herbes à fleur en gueule, dont la lévre
     ſupérieure eſt creuſée en cuilleron.*

Lamium vulgare album , ſive Archangelica flore   idem.
     albo , *Park. Theat.* 604.
     L'Ortie morte, ou Ortie blanche.

Moldavica Betonicæ folio flore cæruleo, *I.R.H.*   Hiſterique.
     184.
     La Meliſſe de Moldavie.

Moldavica Betonicæ folio flore albo , *I. R. H.*   idem.
     184. Meliſſa peregrina folio oblongo ,
     C. B. P. 229.
     Idem.

Balotte , *Math.* 825. Marubium nigrum fœti-   idem.
     dum , Balotte Dioſcoridis, *C. B. P.* 230.
     Le Marube noir.

Galeopſis procerior fœtida ſpicata, *I. R. H.* 185.   Réſolutive.
     L'Hortie morte des bois.

Galeopſis ſive urtica iners , flore luteo, *J. B.* 3.   Vulneraire
     323.   aſtringente.
     L'Ortie morte à fleurs jaunes.

Galeopſis paluſtris Betonicæ folio, flore varie-   Réſolutive.
     gato, *I. R. H.* 185. Stachis paluſtris fœti-
     da, *C. B. P.* 286.
     L'Hortie morte des marais.

Stachys major Germanica, *C. B. P.* 236.   Hiſterique.
     Le Stachis ou Epy fleuri.

Alexitere & Cordiale.	Cardiaca, *J. B.* 3. 320. Marubium Cardiaca dictum fortè. 1. *Theophrasti*, *C. B. P.* 230. L'Agripaume.
Hifterique.	Moluca Lævis, *Dod. Pempt.* 92. Melissa molucana odorata, *C. B. P.* 229. La Melisse des moluques.
idem.	Moluca spinosa, *Dod. Pempt.* 92. Melissa molucana fœtida, *C. B. P.* 229. La Moluque épineuse.
Cephalique.	Pseudodictamnus verticillatus inodorus, *C. B. P.* 222. Le faux Dictam.
Stomachique.	Mentha crispa verticillata, *C. B. P.* 227. La Menthe frisée.
idem.	Mentha angustifolia spicata, *C. B. P.* 227. La Menthe d'Angleterre.
idem.	Mentha hortensis verticillata ocimi odore, *C. B. P.* 227. La Menthe de jardin.
Hifterique.	Mentha rotundifolia palustris, seu aquatica major, *C. B. P.* 227. La Menthe aquatique.
idem.	Mentha sylvestris rotundiore folio, *C. B. P.* 227. La Menthe sauvage, ou Mentastre.
Cephalique.	Mentha arvensis verticillata, folio rotundiore odore aromatico, *D. Vernon Ray Synops.* 123. Le Pouillio-thym.
idem.	Mentha aquatica, seu pulegium vulgare, *I. R. H.* 189. Pulegium latifolium, *C. B. P.* 222. Le Pouliot.
idem.	Mentha aquatica satureiæ folio, *I. R. H.* 190.

Pulegium

Pulegium anguſtifolium , *C. B. P.* 222.
  Le Pouliot à feuilles étroites.

Lycopus paluſtris villoſus , *I. R. H.* 191.   Vulneraire
  Le Marube aquatique.   aſtringente.

S E C T I O N I I I.

Des Herbes à fleur en gueule , dont la lèvre
  ſupérieure eſt retrouſſée.

Sideritis hirſuta procumbens , *C. B. P.* 233. Vulneraire
    Tetrahit herbaceum , *Lob. Icon.* 523.   deterſive.
  La Crapaudine.

Marubium album vulgare , *C. B. P.* 230.   Hiſterique.
  Le Marube blanc.

Meliſſa hortenſis , *C. B. P.* 229.   idem.
  La Meliſſe citronelle.

Meliſſa humilis latifolia , maximo flore purpu- Vulneraire
    raſcente , *I. R. H.* 193.   aperitive.
  La Meliſſe des bois.

Calamintha vulgaris , vel officinarum Germa-   Cephalique.
    niæ , *C. B. P.* 228.
  Le Calament.

Calamintha Pulegii odore , ſive Nepeta , *C. B. P.* idem.
    228.
  Le Calament à odeur de Pouliot.

Calamintha magno flore , *C. B. P.* 229.   idem.
  Le grand Calament de montagne.

Calamintha humilior folio rotundiore , *El. Bot.* Bechique ou
    163. Hedera terreſtris vulgaris , *C. B. P.*   Pectorale.
    306.
  Le Lierre terreſtre.

Clinopodium Origano ſimile , *C. B. P.* 224.   Cephalique.
  Le grand Baſilic ſauvage.

Cephalique.	Clinopodium Arvense ocimi facie, *C. B. P.* 225. Le petit Basilic sauvage.
idem.	Rosmarinus hortensis angustiore folio, *C. B. P.* 217. Le Romarin.
idem.	Thymus capitatus qui Dioscoridis, *C. P. B.* 219. Le Thim de Crete.
	Thymus vulgaris folio latiore, *C. B. P.* 219. Le Thim à larges feuilles.
idem.	Thymus vulgaris folio tenuiore, *C. B. P.* 219. Le Thim commun.
idem.	Serpillum vulgare majus, *C. B. P.* 220. Le grand Serpolet.
idem.	Serpillum vulgare minus, *C. B. P.* 220. Le petit Serpolet.
idem.	Serpillum foliis citrei odore, *C. B. P.* 220. Le Serpolet citronné.
idem.	Satureia sativa, *J. B.* 3. 272. La Sariette de jardin.
idem.	Satureia montana, *C. B. P.* 218. La Sariette de montagne.
idem.	Thymbra legitima, *Cl. Hist.* 358. Satureia cretica, *C. B. P.* 218. La Sariette de Crete.
idem.	Thymbra Sancti Juliani, sive Satureia vera, *Lob. Icon.* 425. La Sariette vraye.
idem.	Lavandula latifolia, *C. B. P.* 216. La Lavande, Spic, ou Nard.
idem.	Lavandula angustifolia, *C. B. P.* 216. La Lavande femelle.
idem.	Lavandula latifolia Indica subcinerea spicâ bre-

viori , *H. R. Par.* & *El. Bot.* 167.
Lavande d'Espagne.

Origanum vulgare spontaneum , *J. B.* 3. 236.   Cephalique.
L'Origan sauvage.

Origanum sylvestre album , *C. P. B.* 223.   idem.
L'Origan à fleurs blanches.

Origanum sylvestre humile , *C. B. P.* 223.   idem.
Le petit Origan.

Origanum creticum latifolium tomentosum ,   idem.
seu Dictamnus creticus , *El. Bot.* 167.
Dictamnus creticus , *C. B. P.* 222.
Le Dictam de Crete.

Majorana vulgaris , *C. B. P.* 224.   idem.
La Marjolaine commune.

Majorana tenuifolia , *C. B. P.* 224.   idem.
La Marjolaine gentille.

Majorana rotundifolia scutellata , exotica ,   idem.
H. R. P.
La Marjolaine annuelle.

Verbena communis cœruleo flore, *C. B. P.* 269.   Opthalmique.
La Verveine.

Hyssopus humilior myrthi-folia , *H. R. P.*   Cephalique.
L'Hysope à larges feuilles.

Hyssopus officinarum cœrulea seu spicata ,   idem.
C. B. P. 217.
L'Hysope à feuilles étroites.

Stœchas folio serrato , *C. B. P.* 216.   idem.
Le Stœchas à feuilles dentelées.

Stœchas purpurea , *C. B. P.* 216.   idem.
Le Stœchas à feuilles de Lavande.

Cataria major vulgaris , *El. Bot.* 171.   Histerique.
Le Nepeta ou Herbe au chat.

Cephalique. Betonica purpurea, *C. B. P.* 305.
La Betoine.

idem. Ocimum vulgatius, *C. B. P.* 226.
Le grand Basilique.

idem. Ocimum minimum, *C. B. P.* 226.
Le petit Basilique.

SECTION IV.

Des Herbes à fleur en gueule qui n'ont qu'une seule lévre.

Febrifuge. Chamedrys vulgo vera existimata, *J. B.* 3.288.
La Germandré ou petit Chêne.

Sudorifique & Diaphoretique. Chamedrys palustris canescens, seu scordium officinarum, *El. Bot.* 173. Scordium, *C. B. P.* 247.
La Germandré d'eau, ou Scordium.

idem. Chamedrys fructicosa sylvestris Melissæ folio, *I. R. H.* 205.
Le faux Scordium.

Cephalique. Chamedrys maritima incana frutescens, foliis lanceolatis, *I. R. H.* 205.
Le Marum.

idem. Polium montanum luteum, *C. B. P.* 220.
Le Polium à fleur jaune.

idem. Polium montanum album, *C. B. P.* 221.
Le Polium à fleur blanche.

Vulneraire aperitive. Teucrium Bœticum, *Cl. Hisp.* 229.
Le Teucrium.

idem. Chamæpitys lutea vulgaris, sive folio trifido, *C. B. P.* 249.
L'Ivette.

Chamæpitys moſcata foliis ſerratis an prima   Vulneraire
    Dioſc. *C. B. P.* 249.   aperitive.
   L'Ivette muſquée.

Bugula, *Dod. Pempt.* 135.
Conſolida media pratenſis cærulea, *C. B. P.* 260.   Vulneraire
   Le Bugle ou petite Conſoude.   aſtringente.

Bugula ſylveſtris villoſa flore cæruleo, *I. R. H.* idem.
   209. Conſolida media Genevenſis, *J. B.*
   3. 432.
   Le Bugle ſauvage.

CLASSE V.

*Des Herbes qui ont les fleurs en croix,
c'eſt-à-dire, qui ſont compoſées de quatre
feuilles diſpoſées en croix.*

SECTION PREMIERE.

*Des Herbes qui ont leurs fleurs en croix,
dont le piſtile devient un fruit aſſez
court, & qui n'a qu'une cavité.*

ISatis ſativa, vel latifolia, *C. B. P.* 113.   Reſolutive.
   Le Paſtel ſauvage.

Crambe maritima braſſicæ folio, *I. R. H.* 211.   Vulneraire
   Le Choux marin ſauvage d'Angleterre.   deterſive.

SECTION II.

Des Herbes qui ont les fleurs en croix, &
dont le pistile devient un fruit assez court,
partagé en deux loges par une cloison mi-
toyenne, posée de travers par le rapport
à la situation des panneaux du fruit.

Alexitere
& Cordiale, Thlaspi vulgatius, *J. B.* 2. 923.
 Le Tlaspie vulgaire.

idem. Thlaspi allium redolens, *Mor. Hist.* 297.
 Le Thlaspi à odeur d'ail.

idem. Thlaspi rosa de hierico dictum Morisoni, *Hist.*
 Oxon. Part. 2. 328.
 La Rose de Jerico.

idem. Thlaspi cum siliquis latis, *J. B.* 2. 923.
 Le Thlaspi à large silique.

Antiscor-
butique. Nasturtium hortense vulgatum, *C. B. P.* 103.
 Le Cresson Alenois ou Nasitor.

idem. Nasturtium sylvestre capsulis cristatis, *I. R. H.*
 214. Ambrosia campestris repens, *C. B. P.*
 138.
 L'Ambrosie sauvage.

idem. Cochlearia folio subrotundo, *C. B. P.* 110.
 L'Herbe aux Cuillieres.

idem. Cochlearia folio cubitali, *I. R. H.* 215.
 Le Raifort sauvage.

idem. Lepidium latifolium, *C. B. P.* 97.
 La grande Passerage.

idem. Lepidium gramineo folio, sive Iberis, *El. Bot.*
 184.
 La petite Passerage.

Bursa Pastoris major folio sinuato, *C. B. P.* 108. Febrifuge.
Le Tabouret ou Bourse à Berger.

SECTION III.

Des Herbes qui ont les fleurs en croix, dont le pistile devient un fruit divisé en deux loges par une cloison mitoyenne, parallele aux panneaux de ce fruit.

Alysson incanum montanum luteum, *El. Bot.* Aperitive.
 186.
 L'Alisson vivace des montagnes.
Lunaria major siliquâ rotundiore, *J. B.* 2. 881. Vulneraire Aperitive.
 La grande Lunaire, ou Bulbonac.
Lunaria Leucoii folio siliquâ oblongâ majore, idem.
 I. R. H. 218.
 La petite Lunaire.

SECTION IV.

Des Herbes qui ont les fleurs en croix, dont le pistile devient une gousse divisée dans sa longueur en deux loges par une cloison mitoyenne.

Brassica capitata alba. *C. B. P.* 111. Bechique.
 Le Choux blanc pommé.
Brassica capitata rubra, *C. B. P.* 111. idem.
 Le Choux rouge.
Leucoium luteum vulgare, *C. B. P.* 202. Histerique.
 La Giroflée jaune.
Hesperis allium redolens, *Mor. Hist.* 252. Al- Vulneraire deterlive.
liaria, *Math.* 843.
 L'Alliaire.

Antifcor-butique.	Hefperis hortenfis, *C. B. P.* 202. La Julienne.
idem.	Cardamine pratenfis magno flore purpuraf-cente, *I. R. H.* 224. Le Creffon des prés.
idem.	Cakile maritimâ ampliore folio, *I. R. H. Cor.* 49. Cakile.
Vulneraire deterfive.	Dentaria Heptaphyllos, *C. B. P.* 322. La Dentaire.
Antifcor-butique.	Sifymbrium erucæ folio flore luteo, *El. Bot.* 192. Eruca lutea latifolia, five Barbarea, *C. B. P.* 98. L'Herbe de Sainte Barbe.
idem.	Sifymbrium aquaticum, *Math.* 487. Le Creffon de Fontaine.
idem.	Sifymbrium aquaticum Raphani folio filiquâ breviori, *El. Bot.* 192. Raphanus aqua-ticus alter, *C. B. P.* 67. Le Raifort aquatique.
idem.	Sifymbrium aquaticum foliis in profundas laci-nias divifis filiquâ breviori, *El. Bot.* 193. Le Creffon à fleurs jaunes.
Vulneraire aftringente.	Sifymbrium Annuum Abfinthii minoris folio, *I. R. H.* 226. Thaliétrum, *Dod. Lugd.* 1146. Sophia Chirurgorum, *Lob. Icon.* 738. Le Taliétron.
Antifcor-butique.	Eruca latifolia alba fativa, *Diofc. C. B. P.* 98. La Roquette de Jardin.
idem.	Eruca tenuifolia perennis, flore luteo, *J. B.* 2. 861. La Roquette fauvage.

Sinapi

Sinapi Rapi folio, *C. B. P.* 99.　　　　Sternuta-
　　La Moutarde, Senevé.　　　　　　　toire.

Sinapi Apii folio, *C. B. P.* 99.　　　　idem.
　　La Moutarde fauvage.

Eryſimum vulgare, *C. B. P.* 100.　　　Bechique.
　　Le Velar, Tortele.

Eryſimum latifolium majus glabrum, *C. B. P.*　idem.
　　　101.
　　Le Velar, Herbe au Chantre.　　　　idem.

Rapa ſativa rotunda, *C. B. P.* 89.
　　La Rave blanche.

Rapa ſativa oblonga ſive fœmina, *C. B. P.* 89.　Aperitive.
　　La Rave rouge, ou d'Amiens.

Napus ſativa radice albâ, *C. B. P.* 95.　　Bechique.
　　Le Navet ordinaire.

Napus ſylveſtris, *C. B. P.*
　　Le Navet fauvage.

Raphanus major orbicularis, vel rotundus,　Aperitive.
　　　C. B. P. 96.
　　Le gros Radix.

Raphanus niger, *C. B. P.* 96.　　　　idem.
　　Le petit Radix.

SECTION V.

Des Herbes qui ont les fleurs en croix, &
dont le piſtile devient une gouſſe diviſée
en travers en pluſieurs loges.

Hypecoon latiore folio, *I. R. H.* 230.　　Aſſoupiſ-
　　L'Hypecoon.　　　　　　　　　　fante.

E

SECTION VI.

*Des Herbes qui ont les fleurs en croix, dont
le piſtile devient une gouſſe qui n'a
qu'une cavité.*

Opthalmi-
que.

Chelidonium majus vulgare, *C. B. P.* 144.
L'Eclaire, Chelidoine, Felougene.

Rafraichiſ-
ſante.

Epimedium, *Dod. Pempt.* 599.
L'Epimedium.

SECTION VII.

*Des Herbes qui ont les fleurs en croix, dont
le piſtile devient un fruit à trois
ou quatre cellules.*

Errhyne,
ou Sternu-
tatoire.

Erucago Segetum, *El. Bot.* 199. Eruca Monſ-
peliaca ſiliquâ quadrangulâ echinatâ,
C. B. P. 99.
La Roquette des champs.

SECTION VIII.

*Des Herbes qui ont les fleurs en croix, &
les ſemences ramaſſées en maniere
de téte.*

Potamogeton foliis pennatis, *El. Bot.* 200.
Millefolium aquaticum pennatum ſpicatum, *C. B. P.* 141.

SECTION IX.

Des Herbes qui ont les fleurs en croix, &
le fruit moû.

Herba Paris, *Dod. Pempt.* 444.
    Le Raisin de Renard.

                                              Alexitere
                                            & Cordiale.

CLASSE VI.

Des Herbes dont les fleurs sont composées
de plusieurs feuilles disposées en rose.

SECTION PREMIERE.

Des Herbes à fleur en rose, dont le pistile
devient un fruit qui s'ouvre en travers
comme une boëte.

AMaranthus maximus, *C. B. P.* 120.   Vulneraire
    L'Amarante.   astringente.

Portulaca latifolia seu sativa, *C. B. P.* 288.   Rafraichif-
    Le Pourpier ordinaire.   fante.

Portulaca angustifolia, sive sylvestris, *C. B. P.* idem.
    288.
    Le Pourpier sauvage.

SECTION II.

Des Herbes à fleur en rose, dont le pistile
ou le calice devient un fruit assez gros,
& qui n'a qu'une cavité.

Papaver hortense semine albo, sativum Diof-   Assoupif-
    córidis, album Plinii, *C. B. P.* 170.   fante.
    Le Pavot blanc.

Assoupis-
sante.
Papaver hortense nigro semine, sylvestre Dioscoridis, nigrum Plinii, *C. B. P.* 170.
Le Pavot noir.

Bechique.
Papaver Erraticum majus, *Diosc. Theophrasti, Plinii, C. B. P.* 171.
Le Pavot rouge, ou Coquelicot.

Assoupis-
sante.
Argemone Mexicana, *El. Bot.* 204. Papaver spinosum, *C. B. Prod.* 92.
Le Pavot du Mexique, ou Chardon béni des Americains.

Opuntia vulgò herbariorum, *J. B.* 1. 154.
Le Figuier d'Inde.

Granadilla Polyphyllos fructu ovato, *I. R. H.* 241.
La Fleur de la Passion.

Section III.

Des Herbes à fleur en rose, dont le pistile devient un fruit assez petit, & qui n'a qu'une cavité.

Rafraichis-
sante.
Alsine media, *C. B. P.* 250.
La Morgeline, ou Mouron.

Myosotis incana repens, *El. Bot.* 211.
L'Oreille de Souris.

Bechique.
Ros Solis folio rotundo, *C. B. P.* 357.
Rosée du Soleil.

Vulneraire
Detersive.
Kaly spinosum foliis longioribus & angustioribus *I. R. H.* 247. Tragon Mathioli, *Lob. Icon.* 797.
La Soude.

Thelephium Dioscoridis Imperati, 66.
Le Thelephium.

Camphorata hirſuta, *C. B. P.* Aperitive.
    Camphrée.

Helianthemum vulgare flore luteo. *J. B. 2. 15.* Vulneraire aperitive.
    La Fleur du Soleil, Hyſſope de Garic.

Androſemum maximum fruteſcens, *C. B. P.* idem.
    280.
    La Toute-Saine.

SECTION IV.

Des Herbes à fleur en roſe, dont le piſtile devient un fruit diviſé le plus ſouvent en deux loges.

Geum rotundifolium majus, *El. Bot.* 218. Sa- Aperitive.
    nicula montana rotundifolia major, *C. B. P.*
    243.
    Le Geum, ou petit Sanicle de montagne.

Saxifraga rotundifolia alba, *C. B. P.* 309. idem.
    La Saxifrage.

Salicaria vulgaris purpurea foliis oblongis, *El.* Vulneraire aſtringente.
    Bot. 220.
    La Salicaire.

Glautium flore luteo, *El. Bot.* 221. Papaver Aperitive.
    Corniculatum luteum, *J. B.* 3. 398.
    Le Pavot cornu.

SECTION V.

Des Herbes à fleur en roſe, dont le piſtile devient un fruit diviſé en cellules.

Hypericum vulgare, *C. B. P.* 279. Vulneraire aperitive.
    Le Millepertuis,

Afcyrum magno flore, *C. B. Prod.* 130.
La L'Afcyrum.

Vulneraire aftringente. Pyrola rotundifolia major, *C. B. P.* 191.
La Pyrole.

Hifterique. Ruta hortenfis latifolia, *C. B. P.* 336.
La Ruë de jardin.

idem. Harmala, *Dod. Pempt.* 121. Ruta fylveftris flore magno albo, *C. B. P.* 336.
La Ruë fauvage.

Aperitive. Nigella Arvenfis cornuta, *C. B. P.* 145.
La Nigelle Romaine.

idem. Nigella Cretica, *C. B. P.* 146.
La Nigelle de Crete.

Fabago Belgarum, five Peplus Parifienfium, *Lugd.* 456. Capparis Portulacæ folio, *C. B. P.* 480.
Le Fabago.

Vulneraire aftringente. Cyftus Ladanifera Hifpanica Salicis folio, *El. Bot.* 227.
Le Cifte qui porte le Ladanum.

idem. Cyftus Ladanifera Monfpelienfium, *C. B. P.* 467.
Le Cifte de Montpellier.

Rafraichiffante. Nymphæa alba major, *C. B. P.* 193.
Le Nenufar, Lis d'étang à fleur blanche.

idem. Nymphæa lutea major, *C. B. P.* 191.
Le Lis d'étang à fleur jaune.

Section VI.

Des Herbes à fleur en rose, dont le pistile devient un fruit qui dans son épaisseur renferme plusieurs semences.

Capparis spinosa fructu minore folio rotundo, Aperitive.
C. B. P. 480.
Le Caprier.

Section VII.

Des Herbes à fleur en rose, dont le pistile devient un fruit composé de plusieurs piéces.

Sedum majus vulgare, *C. B. P.* 283. Rafraichissante.
La grande Joubarbe.

Sedum minus, teretifolium album, *C. B. P.* idem.
283.
La petite Joubarbe.

Sedum parvum acre flore luteo, *J. B.* 3. 694. Resolutive.
La Vermiculaire brûlante.

Anacampseros, vulgò Faba crassa, *J. B.* 3. Vulneraire astringente.
681.
L'Orpin, ou Reprise.

Anacampseros radice Rosam-spirante major, Cephalique.
I. R. H. 264. Rodia Radix, *C. B. P.* 286.
L'Orpin-Rose.

Ulmaria Clusii, *Hist.* 198. Barba Capræ flori- Diaphoretique & Suderifique.
bus compactis, *C. B. P.* 768.
La Reine des Prez.

Barba Capræ floribus oblongis, *C. B. P.* 163. idem.
La Barbe de Chévre.

Apéritive.   Tribulus terreſtris ciceris folio fructu aculeato, *C. B. P.* 350.
La Croix de Chevalier.

Vulneraire aſtringente.   Geranium ſanguineum maximo flore, *C. B. P.* 318.
Le Bec de Grüe.

idem.   Geranium Robertianum 1. Viride, *C. B. P.* 319. Geranium Robertianum murale, *J. B.* 3. 480.
L'Herbe à Robert.

idem.   Geranium folio malvæ rotundo, *C. B. P.* 318. Geranium folio rotundo multum ſerrato, ſive Columbinum, *J. B.* 3. 473. Pes Columbinum, *Dod. Pempt.* 61.
Le Pied de Pigeon.

idem.   Geranium cicutæ folio, moſchatum, *C. P. B.* 319. Geranium ſupinum, *Dod. Pempt.* 63.
Le Geranium muſqué.

Vulneraire apéritive.   Talictrum majus ſiliquâ angulosâ, aut ſtriatâ, *C. B. P.* 336.
La Rue des prez.

Purgative.   Helleborus niger fœtidus, *C. B. P.* 185.
L'Ellebore noir, pied de Grifon.

idem.   Helleborus niger hortenſis flore roſeo, *C. B. P.* 186.
L'Ellebore noir des jardins.

idem.   Helleborus niger hortenſis flore viridi, *C. B. P.* 185.
L'Ellebore noir à fleur verte.

idem.   Veratrum flore atro-rubente, *El. Bot.* 237.
L'Ellebore blanc à fleur rouge.

idem.   Veratrum flore ſubviridi, *El. Bot.* 237.
L'Ellebore à fleur verte.

Populago

Populago flore majore, *I. R. H.* 273. Caltha
   paluſtris flore ſimplici, *C. B. P.* 276.
   Le Souci d'eau.

Pœonia folio nigricante ſplendido quæ mas, Cephalique.
   C. B. P. 323.
   La Pivoine mâle.

Pœonia communis, vel fœmina, *C. B. P.* 323. idem.
   La Pivoine femelle.

Section VIII.

Des Herbes à fleur en roſe, dont le piſtile
devient un fruit compoſé de pluſieurs grai-
nes ramaſſées en maniere de tête.

Anemone ſylveſtris alba major, *C. B. P.* 176. Vulneraire
   L'Anemone ſauvage.   deterſive.

Pulſatilla folio craſſiore & majore flore, *C. B. P.* Errhyne ou
   177.   Sternuta-
   La Coquelourde, herbe au vent.   toire.

Ranunculus pratenſis radice verticilli modo ro- Vulneraire
   tundâ, *C. B. P.* 179.   Deterſive.
   La Renoncule tubereuſe.

Ranunculus phragmites albus & purpureus ver- idem.
   nus, *J. B.* 3. 412.
   La Renoncule des bois.

Ranunculus pratenſis repens, hirſutus, *C. B. P.* idem.
   175.
   La Grenouillette.

Ranunculus paluſtris apii folio lævis, *C. B. P.* idem.
   180.
   La Renoncule des marais.

Ranunculus vernus minor rotundifolius, *I. R.H.* Réſolutive.
   286. Scrophularia minor, ſive Chelido-

nium minus vulgo dictum, *J. B. 3. 468.*
La petite Chelidoine.

Hepatique. Ranunculus tridentatus vernus, *El. Bot. 241.*
Trifolium hepaticum flore simplici, *C. B. P. 330.*
L'Hepatique des jardins.

Apéritive. Filipendula vulgaris, An Molon. Plinii, *C. B. P. 163.*
La Filipendule.

Vulneraire deterfive. Clematitis fylveftris latifolia, *C. B. P. 300.*
La Viorne, herbe au gueux.

Febrifuge. Cariophyllata vulgaris, *C. B. P. 321.*
La Benoite.

Apéritive. Fragaria vulgaris, *C. B. P. 326.*
Le Fraifier.

Vulneraire aftringente. Quinquefolium majus repens, *C. B. P. 325.*
La Quintefeuille.

idem. Tormentilla fylveftris, *C. B. P. 326.*
La Tormentille.

Febrifuge. Penthaphylloides argenteum alatum, feu Potentilla, *I. R. H. 298.*
L'Argentine.

SECTION IX.

Des Herbes à fleur en rofe, dont le piftile ou le calice deviennent des fruits moûs.

Chryftophoriana vulgaris noftras racemofa, & ramofa, *Mor. Hift. 8.* Aconitum racemofum, an Actæa Plinii, *C. B. P. 183.*
L'Herbe de S. Chryftophle.

Affoupiffante. Phytolaca Americana, *El. Bot. 249.* Solanum racemofum Indicum, *H. R. P.*
Le Raifin d'Amerique.

Aralia Canadenſis , *I. R. H.* 249. Panaces ,
   ſive recemoſa Canadenſis cornuti , 74.
    L'Aralia du Canada.

Aſparagus ſativa , *C. B. P.* 489.   Aperitive.
    L'Aſperge.

Aſparagus ſylveſtris tenuiſſimo folio , *C. B. P.* idem.
   490.
    L'Aſperge ſauvage.

SECTION X.

Des Herbes à fleur en roſe , dont le calice
devient le fruit ou la graine.

Cuminoides vulgare , *El. Bot.* 250. Cuminum   Carminati-
   ſylveſtre capitulis globoſis , *C. B. P.* 146.   ve.
    Le Cumin ſauvage.

Circæa Lutetiana , *Lob. Icon.* 266. Solanifolia   Reſolutive.
   Circæa dicta major , *C. B. P.* 168.
    L'Herbe de S. Etienne.

Agrimonia , ſeu Eupatorium , *J. B.* 2. 398.   Hepatique.
    L'Aigremoine.

Agrimonia odorata , *Cam. Hort. El. Bot.* 251.   idem.
   Eupatorium odoratum , *C. B. P.* 321.
    L'Aigremoine odorante.

Onagra latifolia , *El. Bot.* 252. Lyſimachia lutea corniculata , *C. B. P.* 245.
    L'Onagra.

Chamænerion latifolium vulgare , *El. Bot.* 252.   Vulneraire
   Lyſimachia Chamænerion dicta latifolia ,   deterſive.
   C. B. P. 245.
    Le petit Laurier roſe , ou Herbe de S. An-
    toine.

CLASSE VII.

Suite des Herbes à fleur en rose, sçavoir des fleurs en parasol ou en ombelle.

SECTION PREMIERE.

Des Herbes à fleur en parasol soutenues par des rayons, & dont le calice devient un fruit à deux petites graines cannelées ou rayées.

Carminati-ve.	**A**Mmi majus, *C. B. P.* **1 5 9.** L'Ammi.
Aperitive.	Apium hortense, seu Petroselinum vulgò, Le Persil commun.
idem.	Apium dulce Celeri Italorum, *H. R. Par.* Le Celeri.
idem.	Apium palustre & Apium officinarum, *C. B. P.* **1 5 4.** L'Ache.
idem.	Apium Macedonicum, *C. B. P.* **1 5 4.** Le Persil de Macedoine.
Carminati-ve.	Apium & Anisum dictum semine suaveolente majori, *I. R. H.* **3 0 5.** L'Anis.
	Apium Pirenaicum tapsiæ facie, *I. R. H.* **3 0 5.**
Assoupis-sante.	Cicuta major, *C. B. P.* **1 6 0.** La grande Ciguë.
idem.	Carvi Cesalpini, **2 9 1.** Cuminum pratense Car- vi officinarum, *C. B. P.* **1 5 8.** Le Carvi des prez.

Bulbocaſtanum majus folio Apii, *C. B. P.* 162.　Vulneraire aſtringente.
　La Terre noix.

Daucus ſativus radice luteâ vel albâ, *El. Bot.* 257.　Carminative.
　La Carotte.

Daucus vulgaris Cluſii, *Hiſt.* 198.　idem.
　La Carotte ſauvage.

Sium ſive Apium paluſtre foliis oblongis, *C. B. P.* 154.　Antiſcorbutique.
　La Berle ou Ache d'eau.

Sium Aromaticum, Siſon officinarum, *I. R. H.* 308. Siſon ſive officinarum Amomum, *J. B.* 3. *Part.* 2. 107.　Carminative.
　Le Siſon ou Amome.

Siſarum Germanorum, *C. B. P.* 155.　Aperitive.
　Le Cheruï.

Tragoſelinum majus umbellâ candidâ, *El. Bot.* 259. Pinpinella ſaxifraga major umbellâ candidâ, *C. B. P.* 159.　idem.
　Le Boucage, ou Perſil de bouc.

Tragoſelinum minus, *El. Bot.* 259. Pinpinellâ Saxifraga minor, *C. B. P.* 160.　idem.
　La petite Saxifrage des montagnes.

Buplevrum arboreſcens ſalicis folio, *El. Bot.* 260. Seſeli Ethiopicum ſalicis folio, *C. B. P.* 161.
　Le Seſeli d'Ethiopie.

Buplevrum perfoliatum rotundifolium annuum, *I. R. H.* 300.　Vulneraire aſtringente.
　Le Percefeuille annuel.

Buplevrum folio ſubrotundo, ſive vulgatiſſimum, *C. B. P.* 309.　Errhyne, ou Sternutatoire.
　L'Oreille de Liévre.

SECTION II.

Des Herbes à fleur en parasol soutenues par des rayons, & dont le calice devient un fruit à deux graines étroites, longues & de médiocre grosseur.

Aperitive. Fœniculum vulgare minus acriori & nigriori semine, *J. B. 3. Part. 2. alt. 2.*
Le Fenouil commun.

idem. Fœniculum dulce majore & albo semine, *J. B. 3. Part. alt. 4.*
Le Fenouil doux.

Carminative. Fœniculum tortuosum, *J. B. 3. Part. alt. 16.*
Seseli Massiliense fœniculi folio quod Dioscoridis censetur, *C. B. P. 161.*
Le Seseli de Marseille.

Histerique. Meum foliis anethi, *C. B. P. 148.*
Le Meum.

Carminative. Oënanthe apii folio, *C. B. P. 162.*
Le Persil de marais.

idem. Angelica montana perennis paludapii folio, *El. Bot. 262.* Ligusticum vulgare, An Libanotis fertilis Theophrasti, *C. B. P. 157.*
La Levesche ou Ache de montagne.

Aperitive. Angelica pratensis apii folio, *I. R. H. 313.* Seseli pratense Silanus fortè Plinii, *C. B. P. 162.*
La Saxifrage des Anglois.

Vulneraire astringente. Astrantia major, *Mor. umb. 7.* Helleborus niger Saniculæ folio major, *C. B. P. 186.*
La Sanicle femelle.

Hepatique. Chœrophillum sativum, *C. B. P. 152.*
Le Cerfeuil.

Chœrophillum fylveftre perenne cicutæ folio, Hepatique.
    El. Bot. 264.
    Le Cerfeuil fauvage.

Myrrhis major, vel cicutaria odorata , *C. B. P.* idem.
    160.
    Le Cerfeuil mufqué, ou d'Efpagne.

SECTION III.

Des Herbes à fleur en parafol foutenues par des rayons, & dont le calice devient un fruit à deux graines prefque rondes & de médiocre groffeur.

Smyrnium Mathioli, *Icon. Valgr.* 773. Hippo- Aperitive.
    felinum Theophrafti, vel Smyrnium Diofc.,
    C. B. P. 154.
    Le gros Perfil de Macedoine.

Coriandrum majus, *C. B. P.* 158. Carminati-
    La Coriandre. ve.

SECTION IV.

Des Herbes à fleur en parafol foutenues par des rayons, & dont le calice devient un fruit à deux graines ovales, plattes & de médiocre groffeur.

Imperatoria major, *C. B. P.* 156. Diaphoreti-
    Le Benjoin François, ou Imperatoire. que & Su-
    dorifique.
Imperatoria fativa, *I. R. H.* 317. Angelica fa- idem.
    tiva, *C. B. P.* 155.
    L'Angelique de Bohême, ou de jardin.

Imperatoria pratenfis major, *I. R. H.* 317. An- idem.
    gelica fylveftris major, *C. B. P.* 155.
    L'Angelique fauvage.

Diaphoreti- **que & Su-** **dorifique.**	Imperatoria lucida Canadenfis, *El. Bot.* 267. Angelica lucida Canadenfis, *Corn.* 197. L'Angelique de Canada.
Aperitive.	Chrithmum, five Fœniculum maritimum majus odore apii, *C. B. P.* 288. La Paffe Pierre Fenouil marin, Bacile, Her- be de S. Pierre.
Carminati- **ve.**	Anethum hortenfe, *C. B. P.* 147. L'Anet.
	Peucedanum majus Italicum, *C. B. P.* 149. La Queüe de Pourceau d'Italie.
Bechique.	Peucedanum germanicum, *C. B. P.* 149. La Queüe de Pourceau,

SECTION V.

Des Herbes à fleur en parafol foutenues par
des rayons, dont le calice devient un
fruit à deux graines ovales, plattes &
d'une grandeur confidérable.

Aperitive.	Oreofelinum apii folio majus, *I. R. H.* 318. Le grand Perfil de montagne.
idem.	Oreofelinum apii folio minus, *I. R. H.* 318. Le petit Perfil de montagne.
Errhyne ou **Sternutatoi-** **re.**	Thyfelinum paluftre, *I. R. H.* 319. Le Perfil de marais.
Carminati- **ve.**	Paftinaca fativa latifolia, *C. B. P.* 133. Le Panais, ou Paftenade.
idem.	Paftinaca fylveftris latifolia, *C. B. P.* 155. Le Panais fauvage.
Emolliente.	Sphondillium vulgare hirfutum, *C. B. P.* 157. Le Bercę fauffe, Branc-Urfine.

Sphondillium

Spondylium majus, sive Panax Heracleum qui-   Emollicnte.
    bufdam, *J. B. 3. Part. 2.* 161.
    Le Panax.

Tordylium Narbonenfe minus, *I. R. H.* 320.   Carmina-
    Sefeli Creticum, *Dod. Pempt.* 314.   tive.
    Le Sefeli de Candie.

Ferula galbanifera, *Lob. Icon.* 779.   Hifterique.
    La Ferule.

Tapfia maxima latiffimo folio, *C. B. P.* 148.   Purgative.
    Le Turbith.

Tapfia latifolia villofa, *C. B. P.* 148.   idem.
    Le Turbith.

Cicutaria latifolia fœtida, *C. B. P.* 161.
    La Cicutaire.

Caucalis Arvenfis Echinata magno flore, *C. B. P.*   Aperitive.
    152.
    Le Caucalis.

Ligufticum quod Sefeli officinarum, *C. B. P.*   Carmina-
    162.   tive.
    Le Sefeli commun.

Ligufticum Alpinum multifido longoque folio,   idem.
    I. R. H. 324. Daucus Creticus, *Camer.*
    Epit.
    Le Daucus de Candie.

Ligufticum cicutæ folio glabrum, *El. Bot.* 274.
    Sefeli montanum cicutæ folio glabrum,
    C. B. P. 150.
    Le Sefeli de montagne.

Laferpitium foliis latioribus lobatis, *Mor.*
    Umb. 29.
    Le Laferpitium.

Section VII.

Des Herbes à fleurs en parasol, soutenues par des rayons, & dont le calice devient un fruit à deux graines envelopées d'une matiére spongieuse.

Cachris semine fungoso lævi foliis ferulaceis, *Mor. Umb. 62.*
L'Amarinthe.

Section VIII.

Des Herbes à fleurs en parasol, soutenues par des rayons, & dont le calice devient un fruit à deux graines terminées par une longue queuë.

Vulneraire aperitive. Scandix semine rostrato vulgaris, *C. B. P. 152.*
Pecten Veneris, *J. B. 3. Part. 2. 71.*
Aiguille, ou Peigne de Venus.

Section IX.

Des Herbes à fleurs en parasol, ramassées en maniere de téte, & dont les fleurs ne sont soutenues par aucun rayon.

Vulneraire astringente. Sanicula officinarum, *C. B. P. 329.*
La Sanicle.

Aperitive. Eringium vulgare, *C. B. P. 386.*
Le Chardon Roland, Panicaut, Chardon à cent têtes.

idem. Eringium Maritimum, *C. B. P. 386.*
Le Panicaut Marin.

Hydrocotyle vulgaris, *El. Bot.* 278. Ranunculus aquaticus Cotyledonis folio, *C. B. P.*
   180.
  L'Ecuelle d'eau.
        Vulneraire deterfive.

CLASSE VIII.

*Des Herbes à fleurs régulieres, compoſées
de pluſieurs feuilles diſpoſées
en œillet.*

SECTION PREMIERE.

*Des Herbes à fleur en œillet, dont le piſtile
devient le fruit.*

CAryophillus altilis major, *C. B. P.* 207.
   L'Œillet ſimple.
        Alexitaire & cordiale.

Lichnis ſylveſtris alba ſimplex, *C. P. B.* 204.
  Le Lichnis ſauvage.
        Cephalique.

Lichnis ſylveſtris quæ Behen album vulgò,
   C. B. P. 205.
  Le Behen blanc.
        Vulneraire deterſive.

Lichnis ſegetum major, *C. B. P.* 204.
  La Nielle des Bleds.

Lichnis ſylveſtris quæ Saponaria vulgò, *El. Bot.*
   281. Saponaria major lævis, *C. B. P.* 206.
  La Saponaire, ou Savoniere.
        Vulneraire deterſive.

Linum ſativum, *C. B. P.* 214.
  Le Lin commun.
        Emolliente.

Linum pratenſe floſculis exiguis, *C. B. P.* 214.
  Le Lin ſauvage.
        Purgative.

SECTION II.

Des Herbes à fleur en œillet, dont le pistile devient une graine renfermée dans le calice de la fleur.

Vulneraire aftringente.
Statice, *Lugd.* 1190. Caryophillus montanus major flore globoso, *C. B. P.* 211.
L'Herbe à sept tiges.

Vulneraire aperitive.
Limonium maritimum majus, *C. B. P.* 192.
Le Behen rouge.

CLASSE IX.

Des Herbes dont les fleurs approchent en quelque maniere de la fleur du lys, & qu'on appellera dans la suite des fleurs en lys.

SECTION PREMIERE.

Des Herbes à fleur en lys d'une seule feuille coupée en six piéces, dont le pistile devient le fruit.

Hifterique.
ASphodelus albus ramofus mas, *C. B. P.* 28.
L'Afphodele Royal.

Afphodelus fpiralis luteus Italicus flore magno, *H. R. P.*
L'Afphodele d'Italie.

Purgative.
Colchicum commune, *C. B. P.* 67.
Le Colchique, Tue-chien.

SECTION II.

Des Herbes à fleur en lys d'une seule feuille coupée en six piéces, & dont le calice devient le fruit.

Crocus sativus , *C. B. P.* 65.   Hiſterique.
 Le Safran.

Narciſſus Illiricus liliaceus. *C. B. P.* 55.
 Le Narciſſe de Mathiole, ou Pancraticum.

Iris vulgaris Germanica , ſive ſylveſtris, *C. B. P.* Purgative.
 30.
 La Flambe, ou Iris.

Iris alba Florentina , *C. B. P.* 31.   idem.
 L'Iris de Florence.

Iris paluſtris lutea , *Taber. Icon.* 643. Acorus Vulneraire
 adulterinus , *C. B. P.* 34.   aſtringente.
 L'Iris jaune des prez.

Iris fœtidiſſima , ſeu Xiris , *I. R. H.* 360. Hiſterique.
 Le Glayeul puant.

Gladiolus floribus uno verſu diſpoſitis , *C. B. P.* Emolliente.
 41.
 Le Glayeul.

Hermodactylus , folio quadrangulo , *Corrol.* Purgative.
 I. R. H. 50. Iris tuberoſa folio anguloſo ,
 C. B. P. 40.
 L'Hermodatte.

Aloe vulgaris , *C. B. P.* 286.   idem.
 L'Aloës commun.

Aloe Africana caulescens , foliis ſpinoſis , macu- idem.
 lis ab utrâque parte albicantibus notatis ,
 Hort. Amſt. 2. 9.
 L'Aloës maculé.

Aloe ſuccotorina, anguſtifolia ſpinoſa, flore
purpureo, *Breyn. Podr. 2. H. Amſtel. in-
fol.* 91.
L'Aloës ſuccotrin.

Cannacorus latifolius vulgaris, *El. Bot.* 295.
Arundo Indica florida, Cannacorus quo-
rumdam, *Lob. Icon.* 56.
La Canne d'Inde, ou Baliſier.

SECTION III.

*Des Herbes à fleurs en lys compoſées de trois
feuilles.*

Ephemerum virginianum flore cæruleo, *El.
Bot.* 295.
L'Ephemerum.

SECTION IV.

*Des Herbes à fleurs en lys compoſées de ſix
feuilles, & dont le piſtile devient le fruit.*

Emolliente.	Lilium album vulgare, *J. B. 2.* 685. Le Lys.
idem.	Corona Imperialis, *Dod. Pempt.* 202. La Couronne Imperiale.
Alexitaire, ou cordia- le.	Ornitogalum maritimum, ſeu Scilla radice ru- brâ, *El. Bot.* 302. Scilla vulgaris radice rubrâ, *C. B. P.* La Scille rouge.
idem.	Ornitogalum maritimum, ſeu Scilla radice albâ, *El. Bot.* 302. Scilla radice albâ, *C. B. P.* 71. La Scille blanche.

Porrum commune capitatum, *C. B. P.* 72. Alexitaire ou cordiale.
   Le Poireau commun.

Porrum sylvestre vinearum, *C. B. P.* 72. idem.
   Le Poireau sauvage.

Cepa vulgaris, *C. B. P.* 71. idem.
   L'Oignon.

Cepa fissillis Mathioli, *Lugd.* 1539. idem.
   La Ciboule.

Cepa Ascalonica, *Math.* 556. idem.
   L'Eschalotte.

Cepa Alpina palustris tenuifolia, *El. Bot.* 304. idem.
   La Civette des Alpes.

Allium sativum, *C. B. P.* 73. idem.
   L'Ail.

Allium sylvestre latifolium, *C. B. P.* 74. idem.
   L'Ail sauvage.

SECTION V.

Des Herbes à fleurs en lys composées de six feuilles, & dont le calice devient le fruit.

Lilio-Narcissus.

CLASSE X.

Des Herbes à fleurs irrégulieres, compofées de plufieurs feuilles, & qu'on appelle ordinairement des Fleurs légumineufes.

SECTION PREMIERE.

Des Herbes à fleurs légumineufes, dont le piftile devient une gouffe fimple & affez courte.

Bechique.	**G**Lyzyrrhyzá Siliquofa vel Germanica, *C. B. P.* 352. La Regliffe ordinaire.
idem.	Glyzyrrhyza capite echinato, *C. B. P.* 352. La Regliffe.
Aperitive.	Cicer fativum, *C. B. P.* 347. Le Pois-chiche blanc.
idem.	Cicer arieticum fructu nigro, *Mor. H. R. B.* Le Pois-chiche rouge.
Refolutive.	Lens vulgaris, *C. B. P.* 346. La Lentille.
idem.	Onobrychis foliis viciæ fructu echinato major, *C. B. P.* 350. Le Sainfoin ordinaire.
Vulneraire aperitive.	Vulneraria ruftica, *J. B.* 2, 362. La Vulneraire ruftique.

Section II.

*Des Herbes à fleurs légumineuses, dont le
piſtile devient une gouſſe ſimple
& longuë.*

Faba flore candido lituris nigris conſpicuis, Reſolutive.
   C. B. P. 338.
   La Féve de marais.

Faba minor, ſive Equina, *C. B. P.* 338.   idem.
   La Féverolle.

Lupinus ſativus flore albo, *C. B. P.* 347.   idem.
   Le Lupin.

Orobus ſylvaticus purpureus vernus, *C. B. P.* idem.
   351.
   L'Orobe.

Piſum hortenſe majus flore fructuque albo, idem.
   C. B. P. 242.
   Le Pois.

Lathyrus ſylveſtris flore fructuque albo, *C. B. P.* idem.
   343.
   La Geſſe.

Ochrus folio integro capreolos emittente, *C. B. P.* idem.
   343.
   L'Ocre.

Vicia ſativa vulgaris ſemine nigro, *C. B. P.* 344. idem.
   La Veſſe.

Ervum verum, *Camerarii Hort.* Orobus ſiliquis idem.
   articulatis ſemine majore, *C. B. P.* 346.
   L'Ers.

Galega vulgaris, *C. B. P.* 352.   Alexitaire
   Le Galega, ou Rue de Chévre.   & cordiale.

SECTION III.

Des Herbes à fleurs légumineuses, dont le piſtile devient une gouſſe compoſée de différentes piéces attachées bout à bout.

Carmina-tive. Ornitopodium majus, *C. B. P.* 350.
Le Pied d'Oiſeau.
Ferrum Equinum Germanicum ſiliquis in ſummitate, *C. B. P.* 349.
Le Fer à Cheval vivace.

Ferrum Equinum ſiliquâ ſingulari, *C. B.P.* 349.
Le Fer à Cheval annuel.

Reſolutive. Hedyſarum Clipeatum flore ſuaviter rubente, *Eyſt.*
Le Sainfoin d'Eſpagne.

Scorpioides buplevri folio, *C. B. P.* 287.
La Chenille.

SECTION IV.

Des Herbes à fleurs légumineuses, qui portent trois feuilles ſur une queuë.

Vulneraire deterſive. Lotus ſive Melilotus pentaphillos minor glabra, *C. B. P.* 332.
Le Lotier, ou Tréfle jaune.

Opthalmique. Trifolium pratenſe album, *C. B. P.* 327.
Le Tréfle.

Vulneraire aſtringente. Trifolium arvenſe humile ſpicatum, ſive Lagopus, *C. B. P.* 328.
Le pied de Liévre.

Carmina-tive. Melilotus officinarum Germaniæ, *C. B. P.* 331.
Le Melilot, ou Mirlirot,

Melilotus major odorata flore violaceo, *Mor. Hist. Oxon. Part.* 2. 161.
   Le Lotier odorant. — Vulneraire deterfive.

Anonis fpinofa flore purpureo, *C. B. P.* 389.
   L'Arefte-Bœuf, ou Bugrande. — Apéritive.

Anonis flore luteo parvo, *H. R. P.*
   L'Arefte-Bœuf à fleur jaune. — idem.

Fœnum græcum fativum, *C. B. P.* 348.
   Le Fenu grec. — Réfolutive.

Medica fylveftris major erectior floribus purpurafcentibus, *J. B.* 2. 382.
   La Luferne. — Rafraichiffante.

Phafeolus vulgaris, *Lob. Icon.*
   L'Aricot. — Refolutive.

SECTION V.

Des Herbes à fleurs légumineufes, dont le piftile devient une gouffe divifée en deux loges felon fa longueur.

Aftragalus luteus perennis procumbens, vulgaris, five fylveftris, *Mor. hift.* 107. Glyzirrhiza fylveftris floribus luteo pallefcentibus, *C. B. P.* 352.
   La Regliffe fauvage. — Aperitive.

Tragacantha Maffilienfis, *J. B.* 1. 407.
   La Barbe de Renard. — Rafraichiffante & épaiffiffante.

CLASSE II.

Suite des Herbes à fleurs irrégulieres composées de plusieurs feuilles.

SECTION PREMIERE.

Des Herbes à fleurs irrégulieres composées de plusieurs feuilles, & dont le pistile devient un fruit qui n'a qu'une cavité.

Vulneraire deterfive. Balfamina fœmina, *C. B. P.* 306.
La Balfamine des jardins.

Aperitive. Balfamina lutea, five noli me tangere, *C. B. P.* 306.
La Balfamine jaune.

Emolliente. Viola martia purpurea flore fimplici odoro, *C. B. P.* 199.
La Violette.

Hepatique. Fumaria officinarum & Diofc. *C. B. P.* 143.
La Fumeterre, ou Fiel de terre.

Réfolutive. Refeda vulgaris, *C. B. P.* 100.
L'Herbe maure.

Febrifuge. Luteola Herba falicis folio, *C. B. P.* 100.
La Gaude ou Herbe à jaunir.

SECTION II.

Des Herbes à fleurs irrégulieres composées de plusieurs feuilles, dont le pistile devient un fruit a plusieurs loges ou capsules.

Sefamoides fructu ftellato, *El. Bot.* 337 Reze-

da linariæ foliis, *C. B. Prod.* 42.
Sefamoïde.

Aconitum faluriferum, five Anthora, *C. B. P.* 184.
L'Anthora.

Aconitum cæruleum, feu Napellus, 1. *C. B. P.* 183.
Le Napel.

Aconitum lycoctonum luteum, *C. B. P.* 183.
Le Tue-Loup.

Delphinium fegetum, *El. Bot.* 339. Confolida regalis arvenfis, *C. B. P.* 142.
Le Pied d'Alouette.

Delphinium Platani folio, Staphifagria dictum, Staphifagria, *Math.* 1231.
L'Herbe aux Poux.

Aquilegia fylveftris, *C. B. P.* 144.
L'Ancolie, ou Gand de Nôtre-Dame.

Fraxinella, *Cl. Hift.* 100.
La Fraxinelle, ou Dictam blanc.

Fraxinella niveo flore, *Cl. Hift.* 100.
La Fraxinelle à fleur blanche.

Cardamindum ampliore folio & majori flore, *El. Bot.* 341. Viola Indica fcandens nafturii fapore, maxima odorata, *H. L. B.*
La grande Capucine.

Cardamindum minus vulgare, *El. Bot.* 341. Nafturtium Indicum majus, *C. B. P.* 306.
La petite Capucine.

Melianthus Africanus, *H. L. B.*
La Meliante.

Corindum ampliore folio fructu majore, *El. Bot.* 342. Halicacabum peregrinum multis,

---

Alexirere & Cordiale.

Ophtalmique.

Errhyne ou Sternutatoire.

Aperirive.

Alexitaire & Cordiale.

idem.

Antifcorbutique.

idem.

Stomachique.

five Corindum , *J. B. 2. 173.*
Le Pois de merveille.

SECTION III.

Des Herbes à fleurs irrégulieres composées de plusieurs feuilles, & dont le calice devient un fruit rempli de semences semblables à la sciure de bois.

Alexitaire & Cordiale.   Orchis morio mas foliis maculatis, *C. B. P.* 81.
La Satirion mâle.

idem.   Orchis morio fœmina , *C. B. P.* 82.
La Satirion femelle.

Helleborine latifolia montana , *C. B. P.* 186.
L'Helleborine.

Vulneraire deterfive.   Ophris bifolia , *C. B. P.* 87.
La Double-Feuille.

CLASSE XII.

Des Herbes qui portent des fleurs à fleurons.

SECTION PREMIERE.

Des Herbes qui portent des fleurs à fleurons , qui ne laissent aucune semence après eux.

Aperitive.   X Antium, *Dod. Pempt.* 39. Lappa minor Xantium Diofcoridis, *C. B. P.* 198.
La petite Bardane.

Cephalique.   Ambrofia maritima artemifiæ foliis inodoris elatior , *H. L. B.*
L'Ambrofie.

Gnaphalodes Lulitanica, *El. Bot.* 349. Gnaphalium fupinum Echinato femine, *U. L.*
Le Gnaphalodes.

SECTION II.

*Des Herbes dont les fleurs font compofées
de fleurons réguliers ramaffés par gros
bouquets dans la plûpart des efpeces, &
dont les fleurons laiffent chacun après
eux une femence aigrettée dans prefque
tous les genres.*

Carduus ftellatus, five Calcitrapa, *J. B.* 3. 89. Aperitive.
Le Chardon étoilé.

Carduus ftellatus luteus foliis Cyani, *C. B. P.* idem.
387.
Le Chardon étoilé à fleurs jaunes.

Carduus albis maculatis notatus vulgaris, *C.B.P.* Diaphoreti-
381. que & Su-
dorifique.
Le Chardon-Marie, Artichaud fauvage.

Carduus Tomentofus Acanthi folio vulgaris, idem.
I. R. H. 441.
Le Chardon.

Carduus, feu Polyacantha vulgaris, *I. R. H.* idem.
441.
Le Poliacante.

Carduus capite rotundo tomentofo, *C. B. P.* Refolutive.
382.
Le Chardon aux Anes, Onophordon.

Cinara hortenfis foliis non aculeatis, *C.B.P.* 383. Aperitive.
L'Artichaud.

Cinara fylveftris latifolia, *C. B. P.* 383. idem.
Le Cardon d'Efpagne.

Vulneraire aftringente.	Jacea nigra pratenfis latifolia, *J. B.* 3. 27. La Jacée des prez.
Refolutive.	Jacea nemorenfis quæ Serratula vulgò, *El. Bot.* 353. Serratula, *Dod. Pempt.* 42. La Sarrette.
Opthalmique.	Cyanus fegetum, *C. P. B.* 273. Le Bluet, Auoifoin.
	Cyanus floridus odoratus Turcicus, five Orientalis & minor, *Park. Th.* 481. L'Ambrette ou Fleur du Grand Seigneur.
Refolutive.	Cirfium arvenfe Sonchi folio, radice repente caule tuberofo, *I. R. H.* 448. Le Chardon Hemoroïdal.
Hepatique.	Centaurium majus folio in lacinias plures divifo, *C. B. P.* 117. La grande Centaurée.
Idem.	Centaurium alpinum luteum, *C. B. Prodr.* 56. La grande Centaurée à fleurs jaunes.
Aperitive.	Lappa major arctium Diofc. *C. B. P.* 198. La Bardane, Glouteron.
Diaphoretique & Sudorifique.	Cnicus fylveftris hirfutior, five Carduus benedictus, *C. B. P.* 378. Le Chardon bénit.
Idem.	Cnicus atractilis lurea dictus, *H. L. Bat.* Le Chardon bénit des Parifiens.
Purgative.	Carthamus officinarum flore croceo, *I. R. H.* 457. Le Safran bâtard, ou Graine de Perroquet.

SECTION

SECTION III.

Des Herbes dont les fleurs sont composées de fleurons réguliers ramassés par petits bouquets, & qui laissent chacun après eux une semence aigrettée.

Petasites major & vulgaris, *C. B. P.* 197.
    L'Herbe aux Teigneux.   *Diaphoretique & Sudorifique.*

Elichrysum, seu Stœchas citrina latifolia, *C. B. P.* 264.   *Vulneraire aperitive.*
    Le Stecas citrin.

Elichrysum montanum flore rotundiore purpureo, *I. R. H.* 453.   *Bechique.*
    Le Pied-de-Chat.

Filago, seu Impia, *Dod. Pempt.* 66. Gnaphalium vulgare majus, *C. B. P.* 263.   *idem.*
    L'Herbe à Cotton.

Conisa major vulgaris, *C. B. P.* 265.   *Histerique.*
    La Conise.

Eupatorium Cannabinum, *C. B. P.* 320.   *Hepatique.*
    L'Eupatoire d'Avicenne.

Senecio minor vulgaris, *C. B. P.* 131.   *Emolliente.*
    Le Seneçon.

SECTION IV.

Des Herbes qui ont la fleur à fleurons réguliers, qui laissent chacun après eux une semence sans aigrette.

Absinthium vulgare majus, *J. B.* 3. 168.   *Stomachique.*
    La grande Absinthe.

Stomachique.	Abfinthium Ponticum tenuifolium Incanum, *C. B. P. 138.* La petite Abfinthe Pontique.
idem.	Abfinthium feriphium gallicum, *C. B. P. 139.* L'Abfinthe maritime.
Diaphoretique & Sudorifique.	Abfinthium Alpinum candidum humile, *C. B. P. 139.* L'Abfinthe des Alpes, ou Genepi.
Stomachique.	Abrotanum mas anguftifolium majus, *C. B. P. 136.* L'Aurofne mâle, ou Garde-Robe.
idem.	Abrotanum mas Lini folio acriori & odorato, *El. Bot. 364.* Dracunculus hortenfis, *C. B. P. 98.* L'Eftragon.
Hifterique.	Artemifia vulgaris major, *C. B. P. 137.* L'Armoife.
Stomachique.	Santolina foliis teretibus, *El. Bot. 365.* Abrotanum fœmina foliis teretibus, *C. B. P. 136.* L'Aurofne femelle.
idem.	Santolina folio Cupreffi, *El. Bot. 365.* Abrotanum fœmina foliis Cupreffi. La Santoline.
idem.	Gnaphalium maritimum, *C. B. P. 263.* L'Herbe blanche.
idem.	Tanacetum vulgare luteum, *C. B. P. 132.* La Tanefie.
idem.	Tanacetum hortenfe foliis & odore Menthæ, *H. L. Bat.* & appendice. Le Coq.
Errhyne ou Sternutatoire.	Bidens foliis tripartito divifis, *Cefalp. 488.* Cannabina aquatica folio tripartito divifo, *C. B. P. 321.* Le Chanvre aquatique.

Section V.

Des Herbes qui ont les fleurs composées de fleurons réguliers ramassés en boule, & soutenus chacun par un calice particulier.

Echinopus major, *J. B.* 3. 69.   Aperitive.
  La Boulette, Echinope.

Section VI.

Des Herbes qui ont la fleur composée de fleurons irréguliers ramassés par bouquets, & soutenus chacun par un calice particulier.

Scabiosa pratensis hirsuta quæ officinarum,   Diaphoretique & Sudorifique.
    C. B. P. 269.
  La Scabieuse des prez.

Scabiosa folio integro hirsuto, *I. R. H.* 466.   idem.
  La Scabieuse des bois, ou Mors du Diable.

Dipsacus sativus, *C. B. P.* 385.   Opthalmique.
  Le Chardon à foulon.

Dipsacus sylvestris, aut Virga pastoris major,
    C. B. P. 385.
  La Verge de Pasteur.

Globularia vulgaris, *I. R. H.* 467. Bellis cæ   Vulneraire deterfive.
    rulea globularia Monspeliensium, *Adv.*
    199.
  La Globulaire.

Globularia fructicosa Myrthifolia tridentato, Purgative.
    El. Bot. 371.
  L'Alipum.

CLASSE XIII.

Des Herbes qui portent des fleurs à demi-fleurons.

SECTION PREMIERE.

Des Herbes qui ont les fleurs à demi-fleurons, & dont les semences sont aigrettées.

Aperitive.	**D**Ens leonis latiore folio, *C. B. P.* 126. Le Piſſenlit, Dent de Lion.
Bechique.	Hieracium murorum folio piloſiſſimo, *C. B. P.* 129. Pulmonaria Gallica, ſive aurea, *Tab. Icon.* 194. La Pulmonaire des François.
Vulneraire aſtringente.	Piloſella major repens hirſuta, *C. B. P.* 262. La Piloſele, Oreille de Souris.
Rafraichiſſante & épaiſſiſſante.	Lactuca capitata, *C. B. P.* 123. La Laituë Pommée.
idem.	Lactuca Romana longa dulcis, *J. B.* 2. 998. La Laituë Romaine.
idem.	Lactuca ſylveſtris coſta ſpinoſa, *C. B. P.* 123. La Laituë ſauvage.
idem.	Sonchus aſper non laciniatus, *C. B. P.* 123. Le Laitron épineux.
idem.	Sonchus lævis laciniatus latifolius, *C. B. P.* 124. Le Laitron doux.
idem.	Sonchus lævis anguſtifolius, *C. B. P.* 124. Le Laitron, terre Creſpe.
Vulneraire deterſive.	Zacintha ſive chicorium verucarium, *Math.* 505. Le Zacinthe.
Diaphorerique & Sudorifique.	Scorzonera latifolia ſinuata, *C. B. P.* 275. La Scorzonaire, Cerciſi d'Eſpagne.
idem.	Tragopogon purpureo-cæruleum Porri folio

quod Artifi vulgò, *C. B. P.* 274.
Le Cercifi commun.

Tragopogon Pratenfe luteum majus, *C.B.P.* 274. Diaphoreti-
La Barbe de bouc. que & Su-
dorifique.

SECTION II.

Des Herbes qui ont les fleurs à demi-fleurons,
& dont les femences font fans aigrette.

Cichorium fylveftre five officinarum, *C. B. P.* Aperitive.
125,
La Chicorée fauvage.

Cichorium latifolium five Endivia vulgaris, *El.* Rafraichif-
Bot. 381. Intibus fativa latifolia, five En- fante.
divia vulgaris, *C. B. P.* 125.
L'Endive, ou Scariole.

Cichorium crifpum, *El. Bot.* 381. Intibus crif- idem.
pa, *C. B. P.* 125.
La Chicorée frifée.

Lampfana, *Dod. Pempt.* 675. Vulneraire
La Lampfane. deterfive.

Scolymus chryfantemos, *C. B. P.* 384.
L'Epine jaune.

CLASSE XV.

Des Herbes à fleurs radiées.

SECTION PREMIERE.

Des Herbes à fleurs radiées, & à femences
aigrettées.

A Ster pratenfis Autumnalis Conifæ folio, Bechique.
I. R. H. 482.
La petite Aunée, ou Conife des prez.

After Atticus cæruleus vulgaris, *C. B. P.* 267.
L'Oeil de Chrift.

Bechique. After omnium maximus Helenium dictus, *I. R. H.* 483.
L'Aunée, Enula campana.

Vulneraire aperitive. Virga aurea latifolia ferrata, *C. B. P.* 268.
La Verge d'or à larges feuilles.

idem. Virga aurea anguftifolia ferrata, *C. B. P.* 268.
La Verge d'or à feuilles étroites.

Vulneraire deterfive. Jacobea vulgaris laciniata, *C. B. P.* 131.
La Jacobée, Herbe de S. Jacques.

Bechique. Jacobea foliis ferulaceis flore minore, *I. R. H.* 486.
L'Achillée.

Vulneraire deterfive. Jacobea Alpina foliis longioribus ferratis, *I. R. H.* 485.
La Confoude dorée.

Bechique. Tuffilago vulgaris, *C. B. P.* 197.
Le Tuffilage, Pas-d'Ane.

Alexitaire & Cordiale. Doronicum radice dulci, *C. B. P.* 184.
Le Doronic.

idem. Doronicum Radice fcorpii, *C. B. P.* 184.
Le Doronic Romain.

Section II.

Des Herbes à fleurs radiées qui ont les femences ornées d'un chapiteau de feuilles.

Vulneraire deterfive. Corona Solis tabernæ, *Icon.* 763.
Le Soleil.

Corona Solis parvo flore Tuberosâ radice, *I. R. H.* 489.
Le Taupinambour.

Section III.

*Des Herbes à fleurs radiées, dont les se-
mences n'ont ni aigrette, ni chapiteau.*

Bellis sylvestris minor, *C. B. P.* 261.
  La petite Paquerette. — Vulneraire astringente.

Chrysanthemum segetum , *Lob. Icon.* 552.
  La Fleur dorée, ou Marguerite jaune. — Vulneraire detersive.

Leucanthemum Canariense foliis Crysanthemi
  Pyretri sapore, *I. R. H.* 493.
  La Pyretre des Canaries. — Errhyne, ou Sternutatoire.

Leucanthemum vulgare, *I. R. H.* 492. Bellis
  sylvestris caule folioso major, *C. B. P.* 261.
  La grande Marguerite. — Vulneraire astringente.

Matricaria vulgaris seu sativa, *C. P. B.* 133. — Histerique.
  La Matricaire.

Chamæmelum vulgare leucanthemum Diosc.
  C. B. P. 135.
  La Camomille vulgaire, ou commune. — Carminative.

Chamæmelum nobile flore multiplici, *C. B. P.* idem.
  135.
  La Camomille Romaine.

Chamæmelum fœtidum, *C. B. P.* 135. — idem.
  La Maroute, ou Camomille puante.

Cotula flore luteo radiato , *El. Bot.* 396.
  Buphtalmum Cotulæ folio, *C. B. P.* 134. — Vulneraire detersive.
  Le Cotula.

Bupthalmum Creticum Cotulæ facie flore albo,
  Breyni. Cent. 1. 150.
  La Pyretre, ou Racine salivaire. — Errhyne ou Sternutatoire.

Bupthalmum tanaceti minoris folio, *C. B. P.* 134.
  L'Oeil de Bœuf. — Vulneraire aperitive.

Vulneraire aftringente.	Millefolium vulgare album, *C. B. P.* 140. La Mille-feuille.
Errhyne ou Sternutatoi-re.	Ptarmica vulgaris folio longo ferrato, flore albo, *J. B.* 3. 147. L'Herbe à éternuer.
Stomachi-que.	Ptarmica lutea, fuaveolens, *El. Bot.* 398. Age-ratum foliis ferratis, *C. B. P.* 221. L'Eupatoire de Mefué.

SECTION IV.

Des Herbes à fleurs radiées, & les femen-ces enfermées dans des capfules.

Hifterique.	Caltha vulgaris, *C. B. P.* 275. Le Souci de jardin.
idem.	Caltha arvenfis, *C. B. P.* 276. Le Souci fauvage, ou de vigne.

SECTION V.

Des Herbes à fleurs radiées, compofées de fleurons & de feuilles plattes.

	Xeranthemum flore fimplici purpureo majore, *H. L. B.* Jacæa oleæ folio capitulis fimpli-cibus, *C. B. P.* 272. L'Immortelle.
Alexitaire & Cordiale.	Carlina acaulos magno flore, *C. B. P.* 380. La Carline, Cameleon blanc.
idem.	Carlina caulefcens, magno flore albicante, *C. B. P.* 380. La Carline, Cameleon noir.

CLASSE

CLASSE XV.

Des Herbes qui ont les fleurs à Etamines.

SECTION PREMIERE.

Des Herbes qui ont les fleurs à Etamines, &
dont la partie poftérieure du calice
devient le fruit

ASarum, *Dod. Pempt.* 358.   Purgative.
    Le Cabaret.

Afarum Americanum majus, *H. R. P.* Afarum idem.
    Canadenfe, *Corn.* 24.
    Le Cabaret du Canada.

Beta alba, vel pallefcens quæ Cicla officinarum, Emolliente.
    C. B. P. 118.
    La Poirée-Bette, Reparcé.

Beta rubra vulgaris, *C. B. P.* 118.   idem.
    La Poirée rouge, Bette-rave.

SECTION II.

Des Herbes qui ont les fleurs à Etamines,
& dont le piftile devient une ou plu-
fieurs graines enveloppées par le calice de
la fleur.

Acetofa pratenfis, *C. B. P.* 114.   Aperitive.
    L'Ofeille longue, Surelle.

Acetofa rotundifolia hortenfis, *C. B. P.* 114.   idem.
    L'Ofeille ronde.

Lapathum hortenfe latifolium, *C. B. P.* 115.   idem.
    La Patience de jardin.

Aperitive.	Lapathum folio acuto plano, *C. B. P.* 115. La Patience fauvage.
Vulneraire aftringente.	Lapathum folio acuto rubente, *C. B. P.* 114. La Patience rouge, ou *Sang de Dragon*.
Purgative.	Lapathum folio rotundo Alpinum, *J. B.* 2. 987. Le Rapontique de montagne, fauſſe Rubarbe.
Antifcor-butique.	Lapathum aquaticum folio Cubitali, *C. B. P.* 116. La Patience aquatique, ou Parelle de marais.
Emolliente.	Atriplex hortenſis alba, ſive pallidè virens, *C. B. P.* 119. L'Arroche, Belle-Dame, Follette.
idem.	Atriplex hortenſis rubra, *C. B. P.* 119. L'Arroche rouge.
Rafraichiſ-fante.	Atriplex latifolio, ſeu Halimus fruticoſus. *Mor. Hiſt.* 607. L'Halimus, Pourpier de mer.
Hifterique.	Chenopodium fœtidum, *El. Bot.* 406. Atriplex fœtida, *C. P. B.* 119. L'Arroche puante.
idem.	Chenopodium Ambroſioides folio ſinuato, *El. Bot.* 406. Botris Ambroſioides vulgaris, *C. B. P.* 138. Le Botris.
idem.	Chenopodium Ambroſioides Mexicanum, *El. Bot.* 406. Botris Ambroſioides Mexicana, *C. B. P.* 138. Le Botris du Mexique.
Emolliente.	Chenopodium folio triangulo, *El. Bot.* 406. Lapathum unctuoſum folio triangulo, *C. B. P.* 115. Le bon Henry.

Blitum album majus, *C. B. P.* 118. Emolliente.
La Blette blanche.

Blitum rubrum majus, *C. B. P.* 118. idem.
La Blette rouge.

Herniaria hirsuta, *J. B.* 3. 379. Aperitive.
L'Herniole, Turquette.

Paronychia Hispanica, *Cluf. Hisp.* 478. Poligo- Vulneraire
num minus candicans supinum, *Bot. Monf.* astringente.
La Paronychia.

Alchymilla vulgaris, *C. B. P.* 319. idem.
Le Pied de Lion.

Alchymilla Montana minimia, *Col. Part.* 1. 146. Aperitive.
La Perce-Pierre.

Parietaria officinarum, & Diosc. *C. B. P.* 121. Emolliente.
La Parietaire.

Persicaria mitis maculosa & non maculosa, Vulneraire
C. B. P. 101. deterfive.
La Persicaire maculée.

Persicaria urens, seu Hydropiper, *C. B. P.* 101. idem.
Le Curage, Poivre d'eau.

Poligonum latifolium, *C. B. P.* 281. Vulneraire
La Renouée, Trainasse. astringente.

Fagopirum vulgare erectum, *El. Bot.* 412. Resolutive.
Erysimum Theophrasti folio hederaceo,
C. B. P. 27.
Le Bled noir, ou Sarasin.

Bistorta major radice majus intortâ, *C. B. P.* Vulneraire
192. astringente.
La grande Bistorte.

Bistorta major radice minus intortâ, *C. B. P.* idem.
192.
La petite Bistorte.

SECTION III.

*Des Herbes qui ont les fleurs à Etamines, &
les femences propres à faire du pain,
& de leurs femblables.*

Refolutive. Triticum Hybernum Ariftis carens, *C. B. P.* 21.
Le Bled, Froment.

Idem. Secale Hybernum vel majus, *C. B. P.* 22.
Le Seigle.

Idem. Hordeum Polyftichon vernum, *C. B. P.* 22.
L'Orge.

idem. Oriza, *Mathioli* 403.
Le Ris.

idem. Avena vulgaris, *C. B. P.* 23.
L'Avoine.

Rafraichif-
fante. Milium femine luteo, *C. B. P.* 26.
Le Millet.

Idem. Milium arundinacæum fubrotundo femine, Sor-
go nominatum, *C. B. P.* 26.
Le grand Millet noir.

Panicum Germanicum, five Panicula minor,
C. B. P. 27.
Le Panis.

Aperitive. Gramen Caninum Arvenfe, five Gramen Diofc.
C. B. P. 1.
Le Chiendent.

idem. Gramen Dactilon radice repente, five officinarum, *I. R. H.* 520.
Le Chiendent, Pied de poule.

Hifterique. Arundo vulgaris, five Phragmites Diofcoridis,
C. B. P. 17.
Le Rofeau.

SECTION IV.

Des Herbes qui ont les fleurs à Etamines dans des têtes écailleuses.

Acorus verus, five Calamus aromaticus offici- Hifterique.
   narum, *C. B. P.* 34.
     Le Roseau odorant.

Cyperus rotundus vulgaris, *C. B. P.* 14.   idem.
     Le Souchet rond.

Cyperus odoratus radice longâ, five Cyperus idem.
   officinarum, *C. B. P.* 14.
     Le Souchet long.

Cyperus rotundus Esculentus angustifolius, Rafraichif-
   C. B. P. 14.   fante & é-
     Le Souchet Sultan.   paifliffante.

SECTION V.

Des Herbes qui ont les fleurs à Etamines séparées des fruits sur le même pied.

Mays granis aureis, *I. R. H.* 531.   Réfolutive.
   Le Bled de Turquie à fruit jaune.

Mays granis rubris, *I. R. H.* 531.   idem.
   Le Bled de Turquie à fruit rouge.

Lacryma Job, *Cl. Hift.* 216.   Aperitive.
   La Larme de Job.

Ricinus vulgaris, *C. B. P.* 432.   Purgative.
   Le Ricin, Palma Chrifti.

Ricinus Americanus major femine nigro, *C. B. P.* idem.
   432.
     Le Medecinier, Pignon d'Inde.

SECTION VI.

*Des Herbes qui ont les fleurs à Etamines,
qui naiſſent ordinairement ſur des pieds
qui ne portent aucun fruit, & dont les
fruits naiſſent ſur des pieds qui ne portent ordinairement aucunes fleurs.*

Vulneraire aſtringente. Equiſetum majus aquaticum, *J. B.* 3. 729.
    La Preſle, Queuë de cheval.

idem. Equiſetum minus terreſtre, *J. B.* 730. &c.
    La Preſle des champs.

Emolliente. Spinachia vulgaris capſulâ ſeminis aculeatâ, *El.
Bot.* 425.
    L'Epinar.

idem. Mercurialis teſticulata, ſive mas Dioſcoridis &
Plinii, *C. B. P.* 121.
    La Mercuriale mâle.

idem. Mercurialis ſpinata ſive fœmina Dioſc. & Plinii,
C. B. P. 121.
    La Mercuriale femelle.

idem. Mercurialis montana teſticulata, *C. B. P.* 122.
    La Mercuriale mâle de montagne.

idem. Mercurialis montana ſpicata, *C. B. P.* 122.
    La Mercuriale femelle de montagne.

Vulneraire aſtringente. Urtica urens maxima, *C. B. P.* 232.
    La grande Ortie.

idem. Urtica urens minor, *C. B. P.* 232.
    L'Ortie griéche.

idem. Urtica urens pilulas ferens, 1. Dioſc. ſemine
lini, *C. B. P.* 232.
    L'Ortie Romaine.

Cannabis fativa, *C. B. P.* 3 20.   Hepatique.
  Le Chanvre.

Cannabina Cretica fructicofa. *Corol. I. H. R.*   Purgative.
    5 2.
  Le Chanvre de Créte.

Lupulus mas, *C. B. P.* 298.   Hepatique.
  Le Houblon mâle.

Lupulus fœmina, *C. B. P.* 298.   idem.
  Le Houblon femelle.

Saururus frutefcens, foliis Plantaginis fructu bre-   Errhine ou
  viori, *Plum. Pl. Amer. fig.* 76.   Srernuta-
    toire & fa-
  Poivre long, Queuë de Lezard, efpéce de   livante.
  Betel.

CATALOGUE
DES ARBRES
ET DES ARBRISSEAUX.

CLASSE XVIII.

Des Arbres & des Arbrisseaux qui ont les fleurs à Etamines.

SECTION PREMIERE.

Des Arbres & des Arbrisseaux dont les fleurs sont à Etamines, & attachées aux jeunes fruits.

Apéritive.   Fraxinus excelsior, *C. B. Pin.* 416.
Le Frêne.

Siliqua Edulis, *C. B. Pin.* 402.
Le Carouge.

SECTION II.

Des Arbres & des Arbrisseaux qui ont les fleurs à Etamines separées des fruits sur le meme pied.

Sudorifique.   Buxus arborescens, *C. B. Pin.* 471.
Le Buis en arbre.

idem.   Buxus foliis rotundioribus, *C. B. Pin.* 471.
Le Buis nain,

SECTION

SECTION III.

Des Arbres & des Arbrisseaux dont les fleurs qui sont à Etamines naissent sur des pieds qui ne portent point de fruits, & dont les fruits naissent sur des pieds qui ne fleurissent pas.

Therebinthus vulgaris, *C. B. Pin.* 400. Apéritive.
 Le Thérebinthe.

Lentiscus vulgaris, *C. B. Pin.* 399.
 Le Lentisque.

Lentiscus Peruana, *C. B. Pin.* 399. Errhyne ou
 Le Lentisque du Perou, Poivrier du Perou. Sternutatoire.

CLASSE XIX.

Des Arbres & des Arbrisseaux à châtons.

SECTION PREMIERE.

Des Arbres & des Arbrisseaux dont les châtons sont séparés des fruits sur le même pied, & dont les fruits sont osseux.

NUx juglans, sive Regia vulgaris, *C. B. Pin.* Sudorifique.
 417.
 Le Noyer.

Corylus sativa fructu albo minori, sive vulga- Vulneraire
 ris, *C. B. Pin.* 417. astringente.
 Le Noisettier.

L

SECTION II.

Des Arbres & des Arbrisseaux dont les châtons sont separés des fruits sur le même pied, & dont les semences ont une enveloppe semblable en quelque maniere à un cuir leger.

Vulneraire astringente. Quercus latifolia mas, quæ pediculo brevi est, *C. B. Pin.* 419.
Le Chêne.

idem. Ilex oblongo serrato folio, *C. B. Pin.* 425.
Le Chéne vert.

Alexitaire & cordiale. Ilex aculeata cocci glandifera, *C. B. Pin.* 424.
Le Kermés, ou Graine d'Ecarlate.

Vulneraire astringente. Suber latifolium perpetuò virens, *C. B. Pin.* 424.
Le Liége.

Vulneraire detersive. Fagus, *Dod. Pempt.* 832.
Le Hêtre.

Vulneraire astringente. Castanea sativa, *C. B. Pin.* 418.
Le Châteignier.

SECTION III.

Des Arbres & des Arbrisseaux dont les châtons sont séparés des fruits sur le même pied, & dont les fruits sont écailleux.

Apéritive. Abies taxi folio, fructu sursum spectante, *El. Bot.* 457.
Le Sapin.

Albies tenuiore folio, fructu deorsum inflexo,   Aperitive.
    El. Bot. 457.
  Le Picea.

Pinus sativa, *C. B. Pin.* 491.   Rafraichif-
  Le Pin.   fante.

Larix folio deciduo conifera, *J. B.* 1. 265.   Purgative.
  La Mélefe.

Thuya Theophrafti, *C. B. Pin.* 488.   Vulneraire
  L'Arbre de Vie.   aftringente.

Tamarifcus Germanica, *Lob. Icon.* 218.   Aperitive.
  Le Tamaris d'Allemagne.

Tamarifcus Narbonenfis, *Lob. Icon.* 218.   idem.
  Le Tamaris.

Cupreffus ramos extra fe fpargens, quæ mas Vulneraire
  Plinii, *I. R. H.* 587.   aftringente.
  Le Cyprès mâle.

Cupreffus metâ in faftigium convolutâ quæ fœ- idem.
  mina Plinii, *I. R. H.* 587.
  Le Cyprès femelle.

Alnus rotundifolia glutinofa viridis, *C. B. Pin.* Refolutive.
  428.
  L'Aune.

Betula, *Dod. Pempt.* 839. *J. B.* 1. 148.   Aperitive.
  Le Bouleau.

S E C T I O N I V.

Des Arbres & des Arbriffeaux, dont les
châtons font féparés des fruits fur le mê-
me pied, & dont les fruits font ou de pe-
tites bayes, ou compofés de petites bayes.

Cedrus folio Cupreffi major fructu flavefcente,
  C. B. Pin. 487.
  Le Cedre.   L ij

Sudorifi- que.	Juniperus vulgaris arbor. *C. B. Pin.* 489. Le Genevrier.
Histerique.	Sabina folio Tamarisci Dioscoridis, *C. B. Pin.* 487. Le Savinier, ou Sabine.
Idem.	Sabina folio Cupressi, *C. B. Pin.* 487. Sabine à feuille de Cyprès.
Rafraichif- fante.	Morus fructu nigro, *C. B. Pin.* 459. Le Meurier à fruit noir.
Idem.	Morus fructu albo, *C. B. Pin.* 459. Le Meurier à fruit blanc.

SECTION V.

Des Arbres & des Arbrisseaux, dont les châtons sont séparés des fruits sur le même pied, & dont les fruits sont secs & ramassés en pelotons.

Platanus Orientalis verus, *Park. Th.* 1427.
Le Platane.

SECTION VI.

Des Arbres & des Arbrisseaux, dont certains pieds portent des châtons sans fruits, & dont certains autres pieds portent des fruits sans châtons.

Idem.	Salix vulgaris alba arborescens, *C. B. Pin.* 473. Le Saule.
Emolliente.	Populus alba majoribus foliis, *C. B. Pin.* 429. Le Peuplier blanc.
Idem.	Populus nigra *C. B. Pin.* 429. Le Peuplier noir.

CLASSE XX.

Des Arbres & des Arbrisseaux, dont la fleur est d'une seule feuille.

SECTION PREMIERE.

Des Arbres & des Arbrisseaux qui ont la fleur d'une seule feuille, & dont le pistile devient une baye, ou fruit moû, & rempli de pepins.

Rhamnus Catharticus, *C. B. Pin.* 478. Purgative.
  Le Nerprun, ou Noirprun, Bourg-Epine.

Thymelea Lauri folio semper virens, sive Lau- idem.
  reola mas, *I. R. H.* 595.
  Le Garou, ou Laureole mâle.

Thymelea Lauri folio deciduo, sive Laureola idem.
  fœmina, *I. R. H.* 595.
  La Laureole femelle.

Alaternoides Africana Lauri serrato folio, Histerique.
  Comm. præ & rarior, 67.
  La Palachine.

Alaternus prior Clusii, *Hisp.* 16. Vulneraire aperitive.
  L'Alaterne.

Phyllyrea folio Ligustri, *C. B. Pin.* 476. idem.
  La Filaria.

Ligustrum, *J. B.* 1. 528. Vulneraire detersive.
  Le Troësne.

Laurus vulgaris, *C. B. Pin.* 460. Cephalique.
  Le Laurier franc.

Bechique & Pectorale.	Jasminum vulgatius flore albo, *C. B. Pin.* 771. Le Jasmin.
	Arbutus folio serrato, *C. B. Pin.* 460. Arbousier.

Section II.

Des Arbres & des Arbrisseaux à fleur d'une seule feuille, dont le pistile devient une baye remplie ordinairement de quelques osselets.

Cephalique.	Styrax folio mali Cotonei, *C. B. Pin.* 452. Le Storax.
Emolliente.	Olea sativa, *C. B. Pin.* 472. L'Olivier franc.
idem.	Olea sylvestris folio duro subtùs incano, *C. B. Pin.* 472. L'Olivier sauvage.
idem.	Aquifolium sive Agrifolium vulgò, *J. B.* 1. 114. Le Houx.
Vulneraire astringente.	Guaicana, *J. B.* 1. 238. Lotus Africana latifolia, *C. B. Pin.* 447. La Gayac.

Section III.

Des Arbres & des Arbrisseaux à fleur d'une seule feuille, dont le pistile devient un fruit membraneux.

idem.	Ulmus Campestris & Theophrasti, *C. B. Pin.* 426. L'Orme.

SECTION IV.

*Des Arbres & des Arbrisseaux à fleur d'une
seule feuille, dont le pistile produit un
fruit sec divisé en loges.*

Lilac, *Math.* 1 2 3 7. Syringa cærulea, *C. B. Pin.* Vulneraire
   398. astringente.
    Le Lilac.

Erica vulgaris glabra, *C. B. Pin.* 485. Opthalmi-
    La Bruyere. que.

Vitex foliis angustioribus cannabinis modo dis- Histerique,
   positis, *C. B. Pin.* 475.
    L'Agnus Castus.

SECTION V.

*Des Arbres & des Arbrisseaux à fleur d'une
seule feuille, dont le pistile devient
une silique.*

Nerion floribus rubescentibus, *C. B. Pin.* 464. Errhyne ou
    Le Laurier-Rose. Sternutatoi-
     re.
Acacia foliis scorpioidis leguminosæ, *C. B. Pin.* Vulneraire
   392. astringente.
    La Cassie.

SECTION VI.

*Des Arbres & des Arbrisseaux à fleur d'u-
ne seule feuille, dont le calice
devient une baye.*

Sambucus fructu in umbellâ nigro, *C. B. Pin.* Purgative.
   456.
    Le Sureau.

Purgative. Sambucus humilis five Ebulus, *C. B. Pin.* 456.
L'Yeble, ou petit Sureau.

Idem. Opulus Ruellii, 281. Sambucus aquatica flore
fimplici, *C. B. Pin.* 456.
Le Sureau aquatique, ou Obier.

Opulus flore globofo, *El. Bot.* 479. Sambucus
aquatica flore globofo, *C. B. Pin.* 456.
La Rofe de guelde.

Vulneraire
aftringente. Viburnum, *Math.* 217.
La Viorne.

Idem. Vitis idæa foliis oblongis crenatis fructu nigricante, *C. B. Pin.* 470.
L'Airelle, ou le Mirtille.

Vulneraire
deterfive. Caprifolium Germanicum, *Dod. Pempt.* 411.
Periclimerum non perfoliatum Germani-
cum, *C. B. Pin.* 302.
Le Chevre-feuille.

SECTION VII.

Des Arbres & des Arbriffeaux à fleur d'une feule feuille, féparée des fruits.

Cephalique. Vifcum Baccis albis, *C. B. Pin.* 423.
Le Guy.

CLASSE XXI.

Des Arbres & des Arbrisseaux à fleurs en rose.

SECTION PREMIERE.

Des Arbres & des Arbrisseaux à fleur en rose, dont le pistile devient une graine ou un fruit qui n'a qu'une cavité.

COtinus Coriaria, *Dod. Pempt.* 780. Le Fustet. — Vulneraire astringente.

Toxicodendron Triphyllon glabrum, *El. Bot.* 483. Hedera Trifolia Canadensis, *Corn.* 96. Lierre du Canada.

Rhus folio Ulmi, *C. B. Pin.* 414. Le Sumac. — idem.

Rhus Virginianum, *C. B. Pin. App.* 517. Le Sumac de Virginie. — idem.

Tilia fœmina folio majore, *C. B. Pin.* 426. Le Tilleul ou Tillau. — Cephalique.

Hippocastanum vulgare, *El. Bot.* 485. Castanea folio multifido, *C. B. Pin.* 419. Le Maronier d'Inde. — Errhyne ou Sternutatoire.

SECTION II.

Des Arbres & des Arbrisseaux à fleur en rose, dont le pistile devient une baye ou un fruit composé de bayes.

Celtis fruÉtu nigricante, *El. Bot.* 485. Lotus — Vulneraire astringente.

fru&ctu Cerafi, *C. B. Pin.* 447.
Le Micocoulier.

Purgative. Frangula, *Dod. Pempt.* 784. Alnus nigra Bac-
cifera, *C. B. Pin.* 428.
La Frangula.

Vulneraire deterfive. Hedera arborea, *C. B. Pin.* 305.
Le Lierre.

Bechique. Vitis vinifera, *C. B. Pin.* 299.
La Vigne.

Vulneraire aftringente. Berberis dumetorum, *C. B. Pin.* 453.
L'Epine Vinette.

Vulneraire deterfive. Rubus vulgaris, five rubus fru&ctu nigro, *C. B. Pin.* 479.
La Ronce.

SECTION III.

Des Arbres & des Arbriffeaux à fleur en rofe, dont le piftile devient un fruit divifé en deux loges.

Vulneraire aftringente. Acer montanum candidum, *C. B. Pin.* 430.
Lérable.

Staphylodendron, *Math.* 274. Piftachia fylveftris, *C. B. Pin.* 401.
Le Nez-coupé.

Aperitive. Paliurus, *Dod. Pempt.* 756. Rhamnus folio fubrotundo fru&ctu compreffo, *C. B. Pin.* 477.
Le Paliure.

idem. Azedarach, *Dod. Pempt.* 848. Arbor Fraxini
folio flore cæruleo, *C. B. Pin.* 415.
L'Azedarach.

Errhyne, ou Sternu- tatoire. Evonymus vulgaris granis rubentibus, *C. B. Pin.* 428.
Le Fufain.

SECTION IV.

Des Arbres & des Arbrisseaux à fleur en rose, dont le pistile devient un fruit composé de quelques graines.

Spiræa opuli folio, *El. Bot.* 490. Anonymos Ribesii foliis, *Icon. Rob.*
    La Spirea.

Syringa alba, sive Philadelphus Athenæi, *C. B. Pin.* 398.
    La Siringa.

SECTION V.

Des Arbres & des Arbrisseaux qui ont les fleurs en rose, & le fruit en gousse.

Senna Italica, sive foliis obtusis, *C. B. Pin.* 397.   Purgative.
    Le Sené.

Cassia fistula Alexandrina, *C. B. Pin.* 403.   idem.
    La Casse.

SECTION VI.

Des Arbres & des Arbrisseaux à fleurs en rose, & dont le pistile devient un fruit à pepin.

Aurantium vulgare dulci medullâ, *Ferr.* 377.   Alexitaire & cordiale.
    L'Oranger.

Citreum vulgare, *El. Bot.* 493. Malum Citreum dulci medullâ, *Ferr.* 73.   idem.
    Le Citronnier.

Alexitaire
& Cordiale. Limon vulgaris, *Ferr.* 193.
Le Limonier.

SECTION VII.

*Des Arbres & des Arbrisseaux à fleurs en
rose, & dont le pistile devient un
fruit à noyau.*

Purgative. Prunus fructu parvo dulci atro-cæruleo, *I. R. H.*
622.
Le Prunier.

idem. Prunus sylvestris, *C. B. Pin.* 444.
Le Prunier sauvage, ou Prunellier.

Bechique. Armeniaca fructu majori, nucleo amaro, *El.
Bot.* 495.
L'Abricotier.

Purgative. Persica molli carne, vulgaris viridis & alba,
C. B. Pin. 440.
Le Pêcher.

Rafraichis-
sante. Cerasus sativa fructu rotundo, rubro & acido,
El. Bot. 496.
Le Cerisier.

idem. Cerasus fructu aquoso, *El. Bot.* 497.
Le Guignier.

Bechique. Amigdalus sativa, *C. B. Pin.* 441.
L'Amandier.

idem. Ziziphus, *Dod. Pempt.*
Le Jujubier.

Cephalique. Lauro-cerasus, *Clu. Hist.* 4.
Le Laurier-Cerise.

Section VIII.

Des Arbres & des Arbrisseaux à fleur en rose, dont le calice devient un fruit à pepin.

Pyrus sativa, *C. B. Pin.* 439.   Vulneraire aſtringente.
    Le Poirier.

Cydonia fructu breviore & rotundiore, *I. R.*   idem.
    H. 633.
    Le Cognaſſier.

Sorbus sativa, *C. B. Pin.* 415.   idem.
    Le Sorbier.

Malus sativa fructu ſubrotundo è viridi palleſ-   Bechique.
    cente acido dulci, *I. R. H.* 634.
    Le Pommier de Reinette.

Punica flore pleno majore, *I. R. H.* 636.   Vulneraire aſtringente.
    Le Grenadier à fleurs doubles, ou Balauſte.

Punica quæ Malum Granatum fert, *Cæsalp.* 141.   idem.
    Le Grenadier à fruit.

Rosa Rubra multiplex, *C. B. Pin.* 481.   idem.
    La Roſe de Provins.

Rosa rubra pallidior, *C. B. Pin.* 481.   Purgative.
    La Roſe pâle.

Rosa Moſcata ſimplici flore, *C. B. Pin* 482.   idem.
    La Roſe Muſcate.

Rosa ſylveſtris vulgaris, flore odorato incarna-   Vulneraire aſtringente.
    to, *C. B. Pin.* 482.
    L'Eglantier, ou Roſier ſauvage.

Groſſularia hortenſis major fructu rubro, *C. B.*   Rafraichiſ-ſante.
    Pin. 455.
    Le Groſelier à fruit rouge.

Rafraichif- Grossularia spinosa sativa, *C. B. Pin.* 455.
fante.   Le Groselier épineux.

Alexitaire Grossularia non spinosa fructu nigro majore,
& Cordiale.   *C. B. Pin* 455.
            Le Groselier à fruit noir, ou Cassis.

Vulneraire Myrthus latifolia Romana, *C. B. Pin.* 468.
astringente.   Le Myrthe à larges feuilles.

idem.   Myrthus minor vulgaris, *C. B. Pin.* 469.
            Le petit Myrthe.

SECTION IX.

Des Arbres & des Arbrisseaux à fleur en
rose, dont le calice devient un fruit
à noyau.

idem.   Cornus sylvestris mas, *C. B. Pin.* 447.
            Le Cornoüillier mâle.

idem.   Cornus fœmina, *C. B. Pin.* 447.
            Le Cornoüillier femelle.

idem.   Mespilus Germanica folio laurino non serrato,
            five Mespilus sylvestris, *C. B. Pin.* 453.
            Le Neflier.

idem.   Mespilus Apii folio sylvestris spinosa, five Oxia-
            cantha, *C. B. Pin.* 454.
            L'Epine blanche.

idem.   Mespilus Apii folio laciniato, *C. B. Pin.* 453.
            L'Azerollier.

idem.   Mespilus aculeata, amygdali folio, *I. R. H.* 642.
            Pyracantha quibusdam, *J. B.* 1. 51.
            Le Buisson ardent.

CLASSE XXII.

Des Arbres & des Arbrisseaux à fleurs légumineuses.

SECTION PREMIERE.

Des Arbres & des Arbrisseaux à fleurs légumineuses, qui ont les feuilles seules, & alternes le long des branches.

Genista Juncea, *J. B.* 1. 395.   Aperitive.
   Le Genêt d'Espagne.
Genista spartium spinosum majus primum flore
   luteo, *C. B. Pin.* 394.
   Le Genêt épineux.
Genistella herbacea, sive Chamæspartium,   idem.
   J. B. 1. 393.
   Petit Genêt.
Siliquastrum, *Cast. Dur.* 415. Siliqua sylvestris   Vulneraire
   rotundifolia, *C. B. Pin.* 402.   astringente.
   Le Guainier.

SECTION II.

Des Arbres & des Arbrisseaux à fleurs légumineuses, & qui portent trois feuilles sur une queuë.

Anagyris fœtida, *C. B. Pin.* 391.   Histerique.
   Le Bois puant.
Cytisus Alpinus latifolius, flore racemoso pen-   idem.
   dulo, *El. Bot.* 508. Anagyris non fætens

major vel Alpinas, *C. B. Pin.* 649.
Le Cytife des Alpes, ou Ebenier.

Aperitive. Cytifo-Genifta fcoparia vulgaris flore luteo,
I. R. H. 649. Genifta angulofa & fcopa-
ria, *C. B. Pin.* 395.
Le Genêt commun.

Section III.

Des Arbres & des Arbriffeaux à fleurs lé-gumineufes, & qui portent des côtes feuillées.

Bechique. Pfeudoacacia vulgaris, *El. Bot.* 509. Arbor filiquofa virginenfis fpinofa locus noftrati-
bus dicta, *Park. Th.* 1550.
L'Acacia.

Purgative. Colutea Veficaria, *C. B. Pin.* 396.
Le Baguenaudier.

idem. Emerus, *Cæfalp.* 117. Colutea filiquofa, feu
Scorpioides major, *C. B. Pin.* 397.
Le Securidaca des Jardiniers.

Appendix ou Supplément.

Ficus communis, *C. B. Pin.* 457.   Bechique.
  Le Figuier.

Smilax aspera fructu rubente, *C. B. Pin.* 296. Sudorifique.
  Le Smilax.

Chamælea tricoccos, *C. B. Pin.* 462.   Purgative.
  La Camelée.

Cuscuta minor, *C. B. Pin.* 219. Cassuta, sive Hepatique.
    Cuscuta, *J. B.* 3. 266.
  La Cuscute.

Cuscuta minor, *I. R. H.* 652. Epithymum, idem.
    sive Cuscuta minor, *J. B.* 3. 266.
  L'Epithym, ou Barbe de Moine.

EXPLICATION

Des noms abrégés des Auteurs, desquels il est fait mention dans ce Catalogue.

ADv. Adversaria nova stirpium, auctoribus Petro Penâ & Mathiâ de Lobel Medicis, *Londini* 1570. & 1606.

Anguil. Semplici del l'Excellente M. Luigi Anguillara, *in Venetia* 1561.

Bocc. Mus. Muscodi sisica di Paulo Boccone, *in Venetia* 1697.

Boërh. Ind. Alt. Hermani Boërhaave, Index alter Plantarum quæ in Horto Academico, *Lugduno-Batavo* aluntur 1720.

Bot. Monf. Botanicum Monspeliense, auctore Petro Magnol. *Monspelii* 1686.

Breyn. Prod. Jacobi Breynii Prodromus fasciculi rariorum Plantarum primus *Gedani* 1680. secundus *Gedani* 1689.

C. B. Pin. Casparis Bauhini Pinax Theatri Botanici, *Basileæ* 1623. & 1674.

Cæsalp. Andræas Cæsalpinus de Plantis, *Florentiæ* 1583.

Cam. Hort. Hortus Medicus & Philosophicus, auctore Joanne Camerario, *Francofurti* 1688.

Cast. Dur. Herbario nuovo di Castore Durante, *Roma* 1585.

Cluf. Hisp. Caroli Clusii Atrebatis rariorum aliquot Plantarum, per Hispanias observatarum Historia, *Antuerpiæ* 1576.

Cluf. Hift. Caroli Clufii Atrebatis rariorum Plantarum Hiftoria, *Antuerpiæ* 1601.

Cluf. Hift. App. Clufius in appendice Hiftoriæ Plantarum.

Col. Part. 1. Columna Parte 1. Fabii Columnæ Lynæi minus cognitarum ftirpium Ecphrafis, *Romæ* 1606.

Comm. Præl. & Rar. Cafparis Commelini Præludia Botanica, *Lugduni Batavorum* 1703.

Ejufdem Horti Medici Amftelodamenfis Plantæ rariores & exoticæ, *Lugd. Batav.* 1706.

Corn. Jacobi Cornuti Plantarum Canadenfium Hiftoria 1685.

Dod. Pempt. Remberti Dodonæi Pemptades fex, *Antuerpiæ* 1616.

Ferr. Hefpe. Joannis Baptiftæ Ferrarii Hefperides, *Romæ* 1646.

Hort. Amft. Horti Medici Amftelodamenfis rariorum Plantarum Hiftoria, auctore Joanne Commelino tom. 1. 1697. auctore Cafparo Commelino, tom. 2. 1701.

H. L. B. Hortus Academicus Lugduno-Batavus, auctore Paulo Hermano, *Bugd. Bat.* 1687.

H. L. Bat. App. ejufdem Appendix ibid. Hort. Eyft. Hortus Eyftetenfis operâ Bafilii Befleri Philiatri & Pharmacopœi, *Norimbergæ* 1613.

H. R. P. & H. R. Par. Hortus Regius Parifienfis, *Parifiis* 1665.

J. B. Joannis Bauhini Hiftoria Plantarum univerfalis, tribus voluminibus, *Ebroduni* 1650.

I. R. H. Inftitutiones Rei Herbariæ, auctore Jofepho Pitton Tournefort, *Parifiis* 1700.

I. R. H. App. Ejufdem Appendix ibidem.

I. R. H. Cor. & Cor. I. R. H. Ejufdem Corollarium.

El. Bot. Elemens de Botanique de M. Tournefort, 1694.

Lob. Icon. Mathiæ Lobelii Plantarum, feu Stirpium Icones, *Antuerpiæ* 1681.

Lugd. Hiftoria Generalis Plantarum, *Lugduni* 1586.

Math. Petri Mathioli opera illuftrata à Cafparo Bauhino, *Bafileæ* 1674.

Mor. Hift. Oxon. Plantarum Hiftoria Univerfalis, auctore Roberto Morifon, *Oxonii* 1679.

Mor. Umb. Plantarum Umbelliferarum diftributio nova, auctore Roberto Morifon, *Oxonii* 1672.

Mor. H. R. Blef. Hortus Regius Blefenfis auctus, feu Præludia Botanica Morifoni, *Londini* 1669.

Park. Th. Joannis Parkinfoni Theatrum Botanicum, *Londini* 1640.

Pluk. Phyt. Leonardi Plukenetii Phytographia, *Londini* 1691. 1692. & 1696.

Plum. Pl. Amer. Defcription des Plantes de l'Amerique par le Pere Plumier, *à Paris* 1593.

Raii Hift. Joannis Raii, Hiftoria Plantarum tomi tres, *Londini* 1686. & 1704.

Tab. Icon. Jacobi Theodori Tabernæ Montani Icones Plantarum, *Francofurti* 1590.

SUPPLE'MENT,

Ou Plantes obmifes dans ce Catalogue.

ASperugo vulgaris, *El. Bot.* 111.
Bugloffum Sylveftre caulibus procum-
bentibus, *C. B. Pin.*
Afperugo.

Cycuta minor petro-felino fimilis, *C. B. Pin.*
160.
Petite Ciguë.

Fœniculum annuum umbellâ contractâ oblon-
gâ, *I. R. H.* 311.
Gingidium umbellâ oblongâ, *C. B. Pin.* 151.
Vifnaga, *J. B.* 1. 393.
Vifnaga.

Hieracium amygdalas amaras olens, feu odore hifterique,
apuli fuave-rubentis, *H. R. P.* 12
Herbe à l'Eprevier.

Bechique.

Affoupif-
fante.

Aperitive.

APPROBATION.

Vu l'Approbation de Messieurs BERNARD DE JUSSIEU ET CHOMEL, Docteurs-Regens en Médecine de la Faculté de Paris, nommés par Elle pour examiner un Manuscrit intitulé : *Catalogue des Plantes du Jardin de Messieurs les Apoticaires de Paris, &c.* Vû aussi l'Approbation de Messieurs BOURDELIN ET BESNIER, Professeurs de Pharmacie ; je consens pour ladite Faculté que ledit Manuscrit soit imprimé, persuadé qu'il sera utile aux Etudians en Médecine & aux Aspirans en Pharmacie. A Paris le 8 Juillet 1741.

COLDEVILARS, *Doyen de la Faculté de Médecine de Paris.*